别在拼搏的年龄，选择安逸

喜羊子 著

远方出版社

图书在版编目（CIP）数据

别在拼搏的年龄，选择安逸 / 喜羊子著. --呼和浩特：远方出版社，2021.9
ISBN 978-7-5555-1174-8

Ⅰ.①别… Ⅱ.①喜… Ⅲ.①人生哲学-青少年读物 Ⅳ.①B821-49

中国版本图书馆 CIP 数据核字（2018）第 234045 号

别在拼搏的年龄，选择安逸

BIE ZAI PINBO DE NIANLING XUANZE ANYI

作　　者	喜羊子
责任编辑	奥丽雅
责任校对	安歌尔
封面设计	孤舟倦客
版式设计	王志利
出版发行	远方出版社
社　　址	呼和浩特市乌兰察布东路 666 号　邮编：010010
电　　话	（0471）2236473 总编室　2236460 发行部
经　　销	新华书店
印　　刷	北京旺都印务有限公司
开　　本	145mm×210mm　1/32
字　　数	155 千
印　　张	7.5
版　　次	2021 年 9 月第 1 版
印　　次	2021 年 9 月第 1 次印刷
册　　数	1—3000 册
标准书号	ISBN 978-7-5555-1174-8
定　　价	42.00 元

序

人生就像打怪通关，你必须时刻精神饱满

一年前的今天，我想要写一本书。看着眼前一片空白的文档，心里想着要从哪里开始，想着想着，我的思绪开始渐渐飘远，眼前浮现出童年时的一幕。

那是我上二年级时的某一天，老师告诉我们学校要组建一个合唱团，希望大家踊跃报名。对于山里的孩子而言，合唱团无疑是更胜于巧克力豆的诱惑。让学校没有想到的是，报名参加合唱团的人数远远多于预计人数。

为了让每个人都有机会进入合唱团，学校决定设立半个月的观察期。为了有更好的表现，我每天放学后就抓紧时间完成作业，然后早早上床睡觉，为的是第二天早上能够把更好的状态展现出来。

后来，我成功加入合唱团，平生第一次感受到兴奋与激动的情绪在胸中乱窜，那也是我第一次通过努力去获取自己喜欢的东

西，第一次感受到成功的喜悦。

大学毕业的前一天晚上，我和小希坐在宿舍门前，感受大学生涯最后的安逸。我说我对未来有点焦虑，小希则一脸乐观地笑了笑，说："我们长这么大，遇到了那么多困难，不也是一路过关斩将地过来了吗？不要担心那么多，睡个好觉，明天起来精神饱满地继续披荆斩棘。"

如果说人生是一场有去无回的旅程，那么我更愿意把人生当成一场打怪通关的游戏。从小时候开始，我们就必须面对各种各样的难题。当我们走进幼儿园时，我们的游戏人生就揭开了序幕。

刚走进新手村的我们，赤手空拳四处闲逛，不知道在这个陌生的世界里要做什么，也不知道我们要去哪里。后来，考试的出现使我们遭遇人生中第一次考验。接下来的十几年，我们不断依靠学习新的知识去武装自己，与考试这类大大小小的挑战抗争。

好不容易熬到大学毕业，本以为通过考验后我们就能走入更大的世界，然而事实告诉我们，那不过是走出新手村罢了。

毕业以后，我们迷茫过，也追悔过。在短短几年间，我们仿佛一下子成熟了，不再是那个不知天高地厚想把群山踩在脚下的无知少年。对于生活，我们更加慎重，以防一不小心就被淘汰。

为了更好地适应环境，我们只能通过不断地学习来累积经验，让自己在升级中前行，不至于被突如其来的敌人秒杀。

为了拿到更高的勋章，我们学会了与队友磨合，学会了包容队友，让团队更好地前行，赢得更多的荣誉与经验。

为了有更好的装备，我们开始接触理财，以前大手大脚的习惯渐渐收敛，一分一角都必须用对地方。

为了生存，我们必须每日每夜与竞争对手对抗，时刻警惕身边的环境，避免成为他人的猎物。

生活就是这样，偶尔杀杀小怪，偶尔下下副本，有的人一身神器让人羡慕，有的人逍遥自在无拘无束，但这些都是别人的生活。游戏的乐趣在于我们能够时刻把注意力放在自己的角色中，不断努力让自己变得更好，走向更广阔的世界。

虽然前方可能有野兽毒蛇，但我们依然会选择迎难而上，这不正是游戏的意义吗？多少年来，我们一直在这种环境中不断成长，即使有迷雾遮蔽双眼，也无碍我们不断前行的脚步。

也许下一关会更加困难，下一个敌人会更加强大，因此，我们需要时刻保持精神饱满的状态，时刻准备迎接新的挑战。

目 录

第二部分
决定你上限的，不是能力而是格局

第三部分
时间宝贵，把无聊的人请出你的生命

第四部分
看清自己，比看清未来更重要

第五部分
愿你从容也有热血，成熟却不世故

第六部分
谁不是在负重前行中，寻找新的希望

第一部分
大多数时候，你只是看起来很努力

假如明天是生命中最后一天

曾经有不少读者问我："怎么才能克服拖延症?""怎样才能不因为懒而错过机会?"一开始我还细细聆听，并且给他们实实在在的建议，但久而久之我便不由自主地对此感到厌烦。生活本是一场不间断的遇见，如果一个人连生活中的闪光都懒于捕捉，缺乏热情，那么不仅注定一生平庸，而且还会遗失生命中有限的美好。

01

我大学时有个学弟，大家管他叫杰哥。他平日除了宿舍与饭堂之外极少参与课外活动，在他身上总有一股慵懒的气息如影随行。他有一句口头禅："再说吧。"

杰哥有个舍友叫阿峰。作为一名爱挑战的白羊座，阿峰在大一时便经历了马拉松比赛、校园歌手比赛、独自旅行等让我们羡慕不已的事情。精力充沛的他总是乐于接受各种新鲜事物，让生活变得充实。

有一年寒假将至，系里的英语角邀请了外语系的几位外教来做交流，阿峰便邀约舍友一同前往。然而，杰哥瘫在床上慵懒地说："今天天气这么冷，再说吧，下次再参加。"舍友听杰哥这么一说，亦纷纷表示拒绝，唯有阿峰一人前往。

大学毕业时，当地一家知名国企来校园招聘，阿峰与杰哥都参加了。招聘前，阿峰做足了功课，对企业的发展历程、企业文化等都做了详细的了解，并根据招聘职位对自身能力做了针对性的强化，最终顺利地通过了招聘；而杰哥在招聘当天由于赖床不起，错过了招聘。

有一次，杰哥在微信上让我给他介绍对象，恰好我有个同事也让我帮她留意有没有合适的男生，因此我把女生的微信号分享给他。我不知道他们聊得怎么样，不过后来听这个朋友说，当杰哥知道她家在外地时，说了句"再说吧"，便不再联系。

02

有一天，我参加一个学长的婚礼，见到了许多多年未见的大学好友。当我看到阿峰与杰哥两人时，不禁感慨，原来生活方式的不同可以使两个人的差别如此之大。

阿峰进入国企后工作努力，后来被派到北京。勇于挑战的性格使他抓住了机遇，事业顺遂，短短几年就有了极大的提升，也积累了不少优质资源。3 年前，他离开了国企，带着自己的团队开启了创业之路。凭借积累的经验和人脉，如今他的事业小有成就，已然成为同龄人中的佼佼者。

杰哥如今依然处于“三无”状态，无存款、无工作、无对象。“再说吧”的口头禅一如当年，那份慵懒仿佛也深入骨髓，整个状态看上去令人唏嘘。我想，这些年杰哥一定已经尝到了懒散带来的苦头。我能想象到，当他想要争取什么的时候，生活一定也是默默地回敬他一句：“再说吧。”

当阿峰向我们说起他要离开现有的圈子，与合伙人到非洲去开展保护野生动物的项目时，我们无一不感到惊讶。放着前途无限的工作不干，跑到非洲去，简直是疯了吧？然而阿峰却告诉我们：“事业再大也不会有令人满意的那一天，而生命却有终结，这是个很好的机会，能够去见识不同的世界，过另一种生活，我不想留下遗憾。”

03

我很理解阿峰的心情，也期望自己能有这种果断的抽离。毕竟，一次次突破寻常的尝试，正是上天给予我们最好的礼物。如果总是以“来日方长”去拒绝那本该属于自己的珍贵旅程，那闪烁着光芒的美好终究会成为日后的悔意。

记得小时候，我跟邻居家的小哥哥特别要好，某年暑假，我们相约一同去学游泳。不巧的是，当时奶奶给我买了一台游戏机，因此整个暑假我都沉迷在游戏之中。每次他来相邀，我都觉得还早着呢，便一次次拒绝。直到暑假快结束的时候，我才想起之前立志要学会游泳的事，但时间飞逝，眼看就要上学了。

后来又有过几次想学游泳的念头，但始终没有实现。直到现在，我仍然是“旱鸭子”，每每看到别人畅快地游泳，心底便不免产生一丝恨意。

很多人像我这样，或是因为怕麻烦，或是因为不敢尝试，或是借着“明日何其多”的借口说服自己，直到事情在光阴推移中被逐渐淡忘。多年以后，想起过去被我们放弃和淡忘的事，那份年轻时的激情可能早已索然无味。因为，很多事情一旦错过，就将与你的人生轨迹渐行渐远，直到成为此生挥之不去的隐隐悔恨。

04

有一句话说得很好：你现在过的每一天都是你人生中最年轻的一天。我们依然拥有无限可能，美好依然散落在生活中的每一个角落，一切就在于你是否勇敢地去追寻。

如果有一天，你遇到了钟情的人，请不要害怕，把心中的爱意一一倾诉；如果有一天，你找到了那份让你愿意奋斗一生的事业，请不要犹豫，倾己所有去拼搏；如果有一天，你面临生活与梦想的抉择，请不要妥协，那看似最艰难的路往往是通向梦想的捷径。

生命最动人之处，就在于可以经历只属于自己的人生，而最好的人生就在当下。想象一下，假如明天是你生命中的最后一天，你是尽情享受当下，还是为曾经的错过而痛苦悔恨呢？

做擅长的事，你就打败了95%的人

很多朋友都曾高呼过“理想万岁”，甚至有的人倾己所有去追逐缥缈的未来。可是他们当中大多数人都没有想过这个现实的问题：自己真的适合这个领域吗？很多人错将爱好当成职业，非但吃力不讨好，搞不好还让挫折磨灭了自己对行业的热爱。良好的职业开端应从做自己擅长的事开始，这样容易获得成就感，从而激发自己的潜能与专注力，在职业的道路上走得更加顺畅、更加稳健。

01

梦想和现实是经久不衰的话题，很多人认为自己是在现实的残酷下背负着梦想前行，最终却满身伤痕，不得已含泪放弃。很多时候，你以为你选择了梦想，一心一意倾己所有地付出，然而梦想却没有选择你。

让我发出这段感慨的起因是，我们公司唯一的研究生小李由于业绩不佳而不得不辞职的事。没有人想到，深圳大学文学系研究生毕业的他居然在一家小小的私企中屡屡受挫。这里面所映射出的不仅是职场的残酷，同时也反映了一个人职业规划的重要性。作为文学系的研究生，小李的文学功底深厚，部门的文字类工作都交由他处理，而他每次都能很快完成，并且受到称赞。

小李虽然擅长写作，但很想做销售。按他的说法便是：自古文人皆清贫，而从商可富矣。因此，两个月前，小李不顾部门主管的挽留，毅然调岗至销售部。

要知道，小李练就这一身写作技能可没少下功夫。大学时期，图书馆是他课外最常去的地方。或许正是每天三点一线的生活使他在人际关系与沟通方面有所欠缺，因而转岗之后屡屡受挫。但小李不仅撞了南墙不回头，而且还愿意撞个头破血流。在部门主管的多次劝退下，小李依然坚持自己的决定，总觉得还有机会签大单，为此也十分努力，每天加班，不遗余力地整理客户资料和拜访陌生客户。但现实是残酷的，3 个月下来业绩惨淡，再回宣传部也自觉不光彩，只好辞职离开。

小李的离职让我们不禁为之可惜，社会不像学校会给你足够的时间去成长。社会的现实并不会因为你想要取悦自己而变得温柔，那些所谓的迎难而上，很多时候只不过是对生活的一种挑衅，而真正的勇士则会手执最擅长的武器进入战场。现实不是游戏，只有认清自己的优势和劣势，才能在残酷的现实中立足。

02

凯欣一直都是我身边写手圈子的骄傲，她的公众号有数十万粉丝，让一圈人望尘莫及。然而，熟悉凯欣的人都知道，5 年前的她只是一个矫情的文艺女青年。

我跟凯欣是在网络上认识的，那时候的豆瓣还是文艺青年的集聚地，我们一群圈子内的文艺青年常常在豆瓣圈里发文，嬉笑怒骂，悠然自得。有一天晚上，我收到凯欣的私信，她告诉我她从小就想当一名作家，但是写了两年依然是一个没有名气的“小透明”，很多时候都想要放弃，但是每次都会因为不甘心而继续咬牙坚持着。

“写作难道不是一件开心的事吗?”我回复她，“如果你觉得看不到希望也得不到快乐，何不尝试着走出去感受一下生活中的其他乐趣呢?”

凯欣打开了话匣子，跟我说了很多写作路上的艰辛。她为了这个作家梦甚至放弃了某舞蹈院校的录取通知书，而去了另一所学校读新闻专业。出于好奇，我点开了她的主页，细细阅读她的每一篇文章。几篇读罢，我从字里行间能够感受到她对写作的热爱，但文章总是缺乏一些内在的脉络与逻辑，通常是心情短语的串联，很难被发现和传播。

于是，我建议她不妨休息一下，不要想着频繁更新，而是好好感受一下生活。凯欣回复我说会尝试着改变。之后，我便再也没有收到她的消息。

直到两年前，凯欣通过微信公众号转载我的文章时加了我。再次联系，她便一个劲儿地向我道谢。开始时我还不明所以，后来，凯欣告诉我，她在 3 年前跟我聊完之后，决定转学到广州的一家舞蹈学院。如今，凯欣已经成为当地颇有名气的舞蹈老师，更重要的是，她通过公众号撰写舞蹈教程，没想到火了起来。凭借扎实的舞蹈基础和不错的文字表达能力，她分享的舞蹈教程很快网罗了数万粉丝，成为圈子里的大号。

如果凯欣当年死死抱着自己并不擅长的成为作家的梦，如今的她可能依然是个一边写着无病呻吟的文字一边抱怨的人。更有可能，她已经放弃了写作，也错过了舞蹈，成了可有可无的边缘人，不会像现在这样，既可以将自己的特长舞蹈当工作，又可以继续从事喜爱的写作，找到自我价值。

很多时候，我们自以为的热爱不过是对人生的不甘罢了。看到别人在某个你感兴趣的领域中大放光芒，而自己却郁郁不得志。为了不至于输得那么难看，我们逐渐学会欺骗自己，告诉自己那只是实现梦想的道路中必经的挫折。其实，当我们放下心中的执念重新审视自己时，就会发现，生活本可以更美好，人生也有更多可能。做擅长的事，你就成功了一半。

03

无论在职场还是在生活中，我们都不难发现身边总有一些喜欢抱怨的人。这些人大多都有过被现实打击的经历，在他们的心底，始终缺少成就感。

当我们缺少成就感时，工作也会变得枯燥乏味。记得我告诉亲朋好友我出版了第一本书时，他们没有一个人相信，毕竟作为一个从小到大作文都很一般的人，出书的确有些出乎意料。而我之所以能够在写作的道路上苦苦坚持并小有成就，还要感谢我身边的一群文友和读者。每当我向他们展示一篇文章，他们总是对我表示鼓励，我就在这样的鼓励中获得了坚持的动力。为了回馈他们的热情，我对写作这件事越来越认真；为了不辜负读者的期望，我还专门去旁听大学的写作课，并且坚持每周读两本书。这一切看似枯燥的练习，我却乐此不疲。

美国数学家盖洛普有一个“优势法则”，这个法则对职业规划提出了一个明确的循环理论：一个良好的职业开端应当从发挥个人优势开始，并通过获得成就感来推动前进的内在动力，有了前进的动力才能使自己的职业稳步发展，成就职业生涯中的另一个层次上的优势。其中，成就感将会是推动成长的主要动力。回望这些年的写作之路，我很庆幸自己走入了这个循环。

04

在这个鸡汤泛滥的时代，我们总是容易被一些声音所蒙蔽，仿佛只要心有所向便能成就不一样的人生。实现梦想的艰难，很多时候成了我们逃避生活的挡箭牌；坚持梦想的不易，则成了我们偷懒的极好借口。“坚持就是胜利”的确不错，但如果不知道坚持的本质在于能够发挥自身的优势，那么这样的坚持就会事倍功半。

认清自己，接受自己，是我们走向未来的一门必修课。通往未来的道路有很多，有的人出门就能直达梦想彼岸，因为他原本就有一辆高性能的跑车，而更多的人只能依靠双脚去奔跑，但也不必气馁，只要认准了自身的优势，享受奔跑带来的欢乐与成就，就算是艰辛之路也能盛开灿烂的花朵。

也许，现在的你依然被生活裹挟，没能发现自己的价值，但只要生活还在继续，就值得我们从头开始。发现自己的优势，紧握生命赋予自己的长处，每个人都能昂首挺胸地走向属于自己的领地。

没有方向的努力，不止拖垮你的身体

不得不承认，浮躁算是当代人的通病。在我身边总是不缺那些学了几门乐器的孩子，也不缺“收集”证书的白领。对于这些人，我承认他们是努力的，而且非常努力。每天 8 小时的工作、学习之余，还要奔波于各大辅导机构，身心俱疲，只在拿到证书的那一刻才能长舒一口气。只有这样才认为自己是成功的，是有价值的，比任何人都优秀。然而，没有方向的努力只是一场用身体作为赌注的豪赌。

01

20 多年来，父母一直把我和邻居凌姐姐的比较挂在嘴边，每次回家都少不了这个。这次也不例外。上周，我趁着空闲回家看望父母。回家之前，我已经做好了被唠叨的心理准备。

凌姐姐比我大一岁，她不仅兴趣爱好广泛，擅长乐器，而且是文理科双学霸，年纪轻轻便已是某国企的销售经理，各种职业资格证更是能甩出一堆。在大家眼里，她早已是人生赢家。这样比较下来，只爱窝在家里写写画画的我，自然就相形见绌了。

令我意外的是，这次父母竟然一反常态地只字不提，反倒使我好奇地打听起来。原来前几天凌姐姐由于疲劳过度晕倒在单位，幸亏同事发现得早，及时送往医院抢救，才脱离了生命危险，但是也检查出心脏有些问题。

听到这个消息，我不禁有些惊讶，也有些意料之中，强势的凌姐姐最终还是被工作给打垮了。

刚毕业时，我与凌姐姐共事过一段时间。那时候，她跟我抱怨国企工资太低，所以开了一家广告工作室，请我负责文案。

自那天起，凌姐姐每天下班以后便利用各种关系招揽业务，从某个在私企工作的同学到上司的老友，她统统都不放过。每天拜访潜在客户回来后，还坚持制订次日的拜访目标和未完成的工作计划。好几次我都发现她正往熬夜工作的战利品——黑眼圈上涂抹着厚厚的粉底，让自己看起来精神百倍。后来，由于各种原因，她的工作室转型为化妆品销售公司，我也因工作调动去了别的城市，没再见过她。

爸爸告诉我，在凌姐姐进医院的那天晚上，她所在的公司有心将她辞退，她的老板认为："连身体都管理不好的人不可能管理好部门。"

听完，我的心里泛起了一丝悲凉。我们在生活中往往容易有一种错觉：学得更多，涉及面更广，才能过上更好的生活，才能为以后的工作打好基础。

事实上，且不说那些需要专业技术的实干型人才，就是销售、讲师这些交际型人才也同样需要不断加深自己的专业技能，才能在行业中站稳。虽然，很多行业中的精英都好似学富五车，知识面广，但他们的横向知识是为了自己的核心业务水平发展，并非花费精力的盲目努力。

漫无目的的努力只会徒增身体的负担，直到身体再也吃不消的时候才发现原来看似全能的我们其实根本没有一技之长，一不留神便成了社会上的边缘人。

02

我有一个很要好的小严同学，他是初二时从乡下转学来的插班生。他的性格十分腼腆，甚至还有一些封闭，不喜欢跟同学交流，自我保护意识极强。

记得当时某个同学跟他开玩笑说他的鞋子有点土，他仿佛被触碰到了内心最柔弱的地方，顿时暴跳如雷地上前跟同学理论，吓得那位同学连连道歉才平息了风波。

小严高中毕业后没有继续上学，而是在一家机械厂工作。也许是感到自己还有上升的空间，小严在工作以后仿佛变了个人，不仅经常报各种培训班，学习乐器，还学了 CAD 制图。每次报了新的培训班，他都会发朋友圈，并且收获一堆点赞，他也乐在其中。

有一次，我负责跟进一个宣传活动，由于部门美工正休产假，而外聘平面设计项目的资金又比较紧，很多设计师都嫌价低不肯干。我忽然想起小严曾经学过平面设计，就找他来救场。

我和小严差不多有 3 年没见了。当我看到他的时候不由得惊讶，在朋友圈活得精彩万分的他看上去竟然像是一位不惑之年的大叔。我也无暇问及，就跟他说起要做的事，我发现他的脸色渐渐变得灰暗，没等我说完他便打断了我的话，直言自己没有这个能力完成任务。

“你之前不是学习过平面设计吗？老同学一场，你就帮帮忙吧。”开始我还以为他嫌报酬少，然而小严却一脸不好意思地告诉我，平面设计他就学了个皮毛，现在正在学习人力资源管理课程，每天都学到凌晨，快要拿证了。

我不能再说什么，看着他疲惫的样子，我只希望他能好好休息，快乐起来。其实像小严这样的人不在少数。这个时代，人们掌握知识的途径越来越简便，成本也越来越低，所以越来越多的人急于证明自己，就陷入了无尽的“学习”中。至于学习的目的，有时候可能连自己也搞不清，或许只是对浮躁、焦虑的一种自我慰藉吧！

这样的学习，其实就是一种盲目努力，不仅占据了大量的时间与精力，也累垮了身体。而真正会学习的人，他们懂得术业有专攻，会在自己的领域学习最新的知识，与时代共舞，并且持之以恒。

03

《海上钢琴师》里有一段对白，令我记忆犹新：无限大的键盘，怎么能弹奏出音乐？是的，音乐的世界无穷大，而它的核心却在这 88 个琴键之中。真正懂音乐的人会从这 88 个琴键中弹奏出无尽的乐章，而不懂弹奏的人哪怕是拥有一台无穷大的钢琴，也只能在无数的琴键前不断奔跑，妄想着能够从中找到最美的音符。

其实，在瞬息万变的世界中，大部分人或多或少都会感到不安。有的人选择强化自身核心技能，朝着明确的方向努力；有的人则不愿度过那段枯燥且灰暗的扎根期，只能通过不断努力去填满内心的不安。后者如同一位不断往自己身上增加各种装备的徒步者，最终只会累死在路上。

懂得取舍是一种重要的人生智慧。如果一直处于“什么都想要”的想法中，我们就只能通过感官上的努力在表层上满足内心的不安，并且因沉迷于感官的满足而越陷越深，甚至拖垮身体。相反，那些纵向的努力虽然看似不温不火，却能够使我们深深地植根于某一领域，让生活的道路越走越宽，越走越远。

人生没有太多试错的机会

有一天，我在网上看到一句话：“这是一个崇尚错误的时代。”对此我深表认同。如今，失败与错误成了部分年轻人标榜努力的习惯。他们往往打着“我失败，是因为我努力过”的旗号，在无数励志故事的鼓励下跌倒成瘾，甚至不惜耗费光阴主动犯错，仿佛人生的价值在于跌倒的次数。对于这类人，我只想劝一句：青春有限，请勿乱跌。虽然跌倒并不可怕，但是也不要在频繁的跌倒中度过此生。

01

我在朋友圈里看到一句话：“狂情至盛，随心而行，年轻不怕后悔。”发这句话的是我昔日的同窗好友。我在下方评论中问他是不是又辞职了，没想到他竟然立刻在聊天框里向我哭诉了他的前公司，说自己的性格不适合原来的工作，想要换个行业。

其实，上大学那会儿，他就是“狂情至盛，随心而行”之人，从毕业到现在，换过的工作不下 10 份了，各个领域都有涉及。我所知道的，就有手机销售员、幼儿托管、篮球陪练，只要职业门槛是他力所能及的他都敢于尝试，如今近而立之年依然在尝试换行业。

他的各方面基础比起我们一众同学更具优势，形象气质很好，学习能力强，当然这也是他能够在短短几年间从事那么多职业的底气。只是，他这份不羁与洒脱，在我看来实在是用错了地方。

看着他坚持要再一次“试错”，我知道再劝阻已无益，只希望他这次能找到真正喜欢的工作，抑或能在下一次头破血流时彻底认清自己。

随着社会的发展，大家可以选择的机会逐渐增多。老板与雇员的关系也逐渐从传统的单向选择变成了双向选择，大家可以根据自己的技能与公司的客观条件互相筛选，而“试错”的说法便是由此而来。

然而，选择多了就是好事吗？我看未必。选择的增多除了让大家有更充足的资源规划未来之外，同时也会化身成千变万化的诱惑磨蚀着我们的青春。在各种各样的选择面前，我们忽略了试错也会成瘾的，频繁的试错会不断动摇我们的初心，使我们在频繁的选择中忘却那个曾经想要做的自己。而且，所谓试错，我想不单单是对职业生涯的思考与转换，也是为了掩饰心无定所吧。

02

前几天，家里墙壁翻新，一位涂墙工人引起了我的注意。

那天我回到家中取文件时，走至门口突然听到一阵阵吉他旋律传来。我打开门，看到一位涂墙工人在休息时抱着我的吉他在弹奏。看我进来，他立刻放下吉他，一脸尴尬。

为了打破尴尬，我主动跟他聊起来。

“你会弹吉他?”

“一点点，不是特别会，以前读书的时候学过。”

我打量起眼前的这个人来，他约莫 30 岁出头，算是行业里比较年轻的，皮肤偏黑，沾了不少白灰点，双手粗糙，石灰嵌入手指头的裂痕里，显得略微触目。

“这吉他我就放在这，你要玩尽管玩去。”我看他还有些尴尬，便跟他说道。

“不玩了，年纪大了，玩着没劲。”他放下了手中的吉他，一时间不知道手往哪放，只好双手抱胸。

后来又接触过几次，得知他也是上过大学的，还是乐队的吉他手。毕业后，乐队成员各奔东西，而他想继续他的音乐，于是便在各酒吧里串场。然而这样的生活不仅艰苦，而且收入也没有任何保障，厌倦了四处漂泊的他最后还是放弃了音乐梦。

那时候他想从事专业对口的工作，但多年的漂泊使他早已失去竞争力，受尽挫折后不得不放弃。后来又从事过一段时间的销售工作，再后来结婚生子。家庭的压力，迫使他不得不低头加入父亲的装修队。

“当时年少气盛，每每受到委屈都觉得未来会有更好的职业等着我，结果现在变成了我 10 年前不敢想象的样子。如果可以，我想我会继续坚持我的音乐梦，或许现在已经有了一些收获。”他感叹着。

看着他忙碌的背影，我不禁为他感到惋惜。可惜生活中没有如果，我们走的每一段路不管是对是错，都会印在我们的生命中，同时，也会腐蚀我们的青春年华。每个人的潜意识里都有一个以自我为中心的小人，在试错的过程中，那种筛选的快感会逐渐掩埋内心的真实想法，看似我们还有足够的资本去挑剔，但那不过是在挥霍再也回不去的青春。

03

在广告公司工作期间，我认识了一位建材企业的老板。有一次，工作之余闲聊，恰好说起当下年轻人频繁跳槽的话题。他说：“现在的年轻人获取资源的方法实在是太多了，总以为凡事想着就做到了，很多人总是轻易跳槽甚至转行，转来转去，心底的焦虑只会越来越重。其实，哪怕再坚持一下，可能就大不一样了。”

他跟我说起他当年的故事。他的父亲经营建材生意，有一家小小的建材厂，他高中毕业后便辍学在家无所事事，而他的母亲每天都在与邻居打麻将中度过，一家三口沉浸在各自的生活当中。由于家里经济条件不错，他辍学后也不急着找工作。父亲多次催促他找个工作或者到厂里工作，但他都不愿意，总想着玩够了就出去闯一闯。接下来的几年里，他尝试过创业，也在剧组跑过龙套，每次开始时都信心满满，不久后就变成了厌烦。5 年过去了，他始终没有在一个行业中习得一技之长。就在此时，他的父亲被确诊为肺癌晚期。

父亲治病，无暇顾及经营，工厂陷入混乱，一些业务也被抢走。毫无管理经验的他不得不将厂里仅有的流动资金发了工资，一些设备也廉价转让了，但也只够治病周转之用。

一夜之间，他和母亲从不愁吃喝变得落魄不堪，他们不得不放下姿态四处借钱维持经营。虽然父亲的病情逐渐平稳，但债务在短期内还是无法解决，最后卖掉了家里的房子才暂时解了燃眉之急。

经过这场变故，他逐渐认识到要定下心来，重振工厂是他们唯一可以翻身的机会。为了熟悉业务，他和厂里的老员工学习专业知识，并不断和供应商联系，又四处拓展业务。3 年后，建材厂终于有了起色，而他也变得成熟稳重。

“我小时候最讨厌的就是家里的建材厂，然而当我开始感觉到生活的压力以后，建材生意成为我唯一的救命稻草，我发自内心地感谢它。”他如此说道，“在我看来，试错应该是在深入了解职业本质之后的慎重决定，在没有了解之前，那就是一种盲目。”

04

在《月亮与六便士》中，主人公为了实现心中突如其来的理想，放弃了妻子与两个儿女，还有那份令人羡慕的银行经纪人的工作。四处漂泊作画的他虽然在生命的尽头完成了满意的作品，但也留下了不可消除的创伤。

也许，我们希望为了自己的理想而燃烧青春，无论胜败都不后悔；也许，我们在日常枯燥的生活中看到了希望，想要做一次逆袭的尝试。但无论怎样，试错的前提是要做好理性的分析，并且拥有长期奋战的勇气。

有人说，试错=80%的理性+20%的勇气。在尝试投身新的行业之前，我们是否已经做了最坏的打算，并为此做好准备？是否分析过自己在新行业中具有哪些独特的优势，并且如何在激烈的竞争中脱颖而出？

其实，那些表面光鲜的人，都经历了长时间的磨炼，所有的成就不过是时光中的沉淀。我们可以不念过去，不畏将来，但每一次放弃都要深思熟虑，再次问问自己，是否值得，是否愿意再坚持一程。毕竟没有一个行业是容易的，没有一份工作是轻松的。

青春需要无悔，但生命实在没有太多试错的机会。

真正的能量，就在你平和的心态里

最近在网上看到很多有趣的新闻：“某女子徒手接住高空坠落的儿童”“考试时憋尿有助于思维活跃”……人类的潜能再次被摆上了神台。很多拖延症患者仿佛寻获知音，纷纷把工作拖到最后时刻，并且期待着身心大爆发，结果自然不言而喻。

01

有一段时间我沉迷于音乐会，凡是有现场的音乐会我都会抽空参加。作为一个长期用音乐软件听音乐的宅女，我还记得第一次在音乐会上听到那些或悠扬或轻快的音乐时的那种震惊，让我仿佛沉浸在音乐的世界里，跟随着乐手的旋律翱翔。自此以后，我就沉迷在现场音乐中不能自拔。

我在大学校庆的时候，重遇当年音乐系的师姐。当我跟她说起自己对音乐的新认识后，她的反应从惊讶迅速转变至热情，仿佛遇到知音一般跟我说起了她的职业。师姐大四时考上四川音乐学院的研究生，专攻音乐治疗，毕业后在某家医院从事音乐治疗方面的工作。由于职业的稀缺性，师姐在医院里颇有名气。后来，师姐与同专业的师兄合伙成立了一家音乐治疗工作室。

据师姐说，来做音乐治疗的大多是生活压力大的白领。恰好当天下午有一个客户预约治疗，师姐看我颇感兴趣，便邀请我充当她的助手。

来治疗的是一位30岁出头的男士，他的精神状态连带身体状况似乎都很差。师姐将他引至一个灯光昏暗的房间里坐下，之后走至钢琴旁开始弹奏。约莫30分钟后，在师姐的示意下我打开房间的灯，只见患者精神抖擞，眼神熠熠生辉，与来时判若两人。

眼前的一幕让我不禁目瞪口呆，这样就完成了一次治疗吗？师姐看我一脸惊讶，笑着说："做音乐治疗最重要的是帮助患者恢复平静的心态，让他们能够更加客观地直视内心，这样就能对当下的问题做出正确的认识和处理。"

听了师姐的话，我顿时感悟：无论是心理咨询师还是音乐治疗师，都无法解决患者的实际问题，只能引导患者走出负面情绪，恢复平和的心态。心态对了，就没有化解不了的难题。

“实际上，来找我的很多患者都是因为面对困境时心态乱了，当我了解了他们的情况，就能让他们在适当的音乐中恢复平和的心态。很多经过治疗的患者告诉我，后来发现当时的困难并没有那么棘手。”师姐见我不解，解释道。

人生就是解决一个接一个难题的过程。有时，面临的问题让我们觉得难以跨越，然而，当我们排除杂念、调整呼吸，或者是暂时搁置，等心情舒爽时再看，就会发现那些问题并非不可解决。“难”不过是大脑在多重压力夹击时生出的一种幻象罢了。

02

很多人都有过这样的经历：在面对少量困难的工作时，我们总是能够全神贯注地完成任务，然而当工作变得不连贯而且琐碎时，就会使人抓狂。很多人宁愿面对困难的工作也不愿意去接触不连贯的项目，因为这会让我们难以集中精力，从而造成较大的心理压力。

记得我刚刚进入广告公司的时候，由于不熟悉业务而经常加班。每当看着桌面上摆放着不同的项目时，我的心里总会泛起一阵莫名的烦躁，总想着赶紧完成手头的任务，好接着做下一个工作，结果好几次都因为粗心而差点搞砸了。

后来，我经过反省，发现那些项目完全可以在限定的时间内完成。由于内心急躁，我产生了抱怨与抗拒的心理，反而使工作效率大幅度降低，频频出错。

记得有一天傍晚，我正在加班，经理突然回到办公室，将一份项目资料交给我，让我在第二天上班之前完成文案。本来手头的工作已经让我必须加班才能完成，现在又来了一份加急的工作，我的内心焦躁到了极点。

我看了看时间，还有 3 个小时，于是决定暂时放松一下，就戴了耳机去楼下散步。跟随喜欢的音乐哼唱着，慢跑了 10 分钟后，状态果然大有改观。我回到办公室，花了不到两小时就完成了本以为通宵也完成不了的任务。

自那次开始，每当我感到心情焦躁，负面情绪开始蔓延时，总是放下手头的工作，或是小跑几圈，或是看一段小视频，或是听一听音乐，让心情平复后再梳理手头的工作。这个方法让我在对付工作中的负面情绪和提高效率上屡试不爽，也让我认识到平和的心态才具有无穷的力量，而一时的激愤、焦躁只会侵蚀我的精力与灵气，不但对处理问题毫无帮助，还会让事情变得更加纷乱无序。

03

负面情绪就像是潜伏在骨子里的刺客，隐忍而迅速，总是在我们情绪波动的时候迅速出手，让人瞬间变得暴躁、紧张，并沉浸于此，直至失败降临。在如今竞争激烈的社会上，人与人之间的一点点差距都会被无限放大。如果想要走上更大的舞台，那么管理好情绪就是我们高效成长的必修课。

从心理学的角度看，人在接近某个重要节点时会出现一种认知失调，并且随着节点的迫近而加重，导致负面情绪的延伸。比如：

越临近午夜，面对手头的工作时便越浮躁，以致最后随意对待。

越接近与客户约定的时间，紧张感便越强烈，导致发挥失常。

越接近周一，抗拒感便越来越真实，使我们不愿入眠。

…………

对付这种情绪上的认知失调，与其在困扰中挣扎，不如跳出来平复一下心情。当心态平和时，眼前的一切难题都将如薄雾般消散，来自心灵深处的力量将再次占据上风，引导我们去完成既定的目标。

别把精力用在低端的决定上

我们总是精心安排生活，费尽心思做每一个决定，然而，那看似精美的日子却很容易被生活打击得支离破碎。失恋了，曾经的美好都成了痛苦的源泉；失去工作，曾经的选择就成了沉重的负担。

人生充满了选择，有人愿意把时间花费在生活的每一个细节上，但生活却成了一地鸡毛。因此，在没有确定生活的主基调时，别把精力用在低端的决定上。

01

几年前，舅妈的女儿读高三，在面临择校的紧要关头，舅妈希望我给表妹提点意见。

本想这个问题还不是分分钟搞定，没想到当我跟她探讨未来的发展时，她却在纠结高考后应该去看五月天的还是周杰伦的演唱会。看她沉迷于此，我劝道："晴晴，这个时候你还在纠结演唱会的事，这可是快要高考了呀。"

"考试靠的是平常的累积嘛，你该不会老套得想说让我做好临考冲刺吧。"晴晴头也不抬地看着手机。

"就算不说考试成绩，那你有想要报读的学校和专业吗？"我强忍着，毕竟这孩子从小就有些听不进劝。

"不知道啊，哪个学校录取我就读哪个吧。哎呀，你说我到底是去看周杰伦还是去看五月天啊，好纠结啊！"晴晴终于抬起了头，"不如你借我点钱，我两个都去，这样就不用纠结那么久了。"

之后又说了些什么，我已经不记得了。最后我不但没有给出报考建议，甚至连让她重视眼前的高考都彻底失败了。只记得她说，如果错过了这两个演唱会，她一定会后悔一生的。

后来听舅妈说，晴晴被邻市一所大学的行政管理专业录取了。我虽口中不说，但也能想到，晴晴选择这个专业很可能是她听说行政管理专业毕业后比较容易找工作。

几年后，一次春节聚会，我再次见到了晴晴，此时的她已经任职于一家小企业的行政部。看她一脸疲倦的样子，像是早已厌倦了眼前的生活，完全不是几年前那个活泼好动的女孩了。

"现在工作还好吗？做行政工作应该不错吧？"一说起这事，

晴晴就向我大吐苦水，说自己根本不喜欢这份工作，一点都不适合她。

“早知道当年就不报读行政管理专业了，真是没意思。”她抱怨道。

20 岁出头的年龄本应有无限的可能，然而，在对人生进行规划的重要时刻，晴晴却纠结于看哪个偶像的演唱会，以至于如今年纪轻轻便生出无限抱怨。

人生路上，不同的道路有不同的风景，但总有些风景格外瑰丽。选择怎样的道路，全在于我们的心，紧要处就那么几步，错过了，生活将是另一番模样。

02

有段时间，我很喜欢坐在某家咖啡厅的临窗处看街上人来人往，构思我的故事。一来二去，我认识了咖啡厅的服务员小丽。

小丽高中毕业后就没再上学，用她的话来说，自己不是读书的材料，也没有想过读大学。她当过流水线工人，做过门店销售员，最近来了这家咖啡厅。偶尔，小丽会趁咖啡厅人不多时坐在我旁边看我写稿。有一天，她坐在我旁边，看我为了一句话修改了几遍，便说：“你这样天天坐着写写写，不觉得枯燥吗？”

“有时候也会吧，不过这还是很有意思的。”

“我觉得你应该多学学我，自由自在。”

看她扬扬自得，我合上电脑，就跟她聊起来。“你还这么年轻，咖啡馆也不算忙，可以趁着工作间隙学点东西啊，哪怕是多了解一下关于咖啡方面的知识呢，以后会有用处的。”我对小丽说。

“闲得无聊的人才想这些，我每天可忙着呢，你看我这身衣服，还有这妆，弄好了可费时间了。其实在咖啡馆工作也不错，这家不行我就去别的店。”说着，小丽掏出手机，跟我说起她今天看上的两对物美价廉的耳环。

看着她悠然自得地逛着网店，我很为她的前途担忧，而她自己或许都不曾想过。

我再次见到小丽是在我的新书签售会上。好不容易完成了签售会，我正准备回家，一个身着工作服的女孩走到我面前说：“你还记得我吗？我是小丽，之前咖啡厅的那个。”

我望了一下眼前人，哪里是我之前见过的小丽。看我一脸惊讶，小丽苦笑道：“那个咖啡厅倒闭了，我也不想接着干了，没找着工作只能进了厂。听说你出了新书，我特意请假过来看一下老朋友。”

我正要与小丽告辞，她却急忙拉着我，支吾良久，才说工厂的工作太苦，让我帮她留意一下工作。看着小丽一脸无助，我满口答应，但实在想不出有什么工作适合她。

每个人的人生都有两个起点，第一个是出生时，那时我们无法选择；第二个是独立意识觉醒的时候，当我们意识到自己必须要在这个世界立足时，就要开始规划自己的未来。一旦做出正确的人生规划，就要坚持去实践，在这个过程中还需要不停地修正，但绝不能随意更改，人生的价值就是在不断的实践中得以发挥和体现。可惜的是，很多人总是着眼于一时的自由或利益，总是不停地选择，每一次选择后，只能留下悔恨。曾经渴望的梦想，曾经仰望过的星空，终究被遗弃在年少轻狂的岁月中，无处可寻。

03

无论在生活中还是在职场上，低端的决定都会耗费大量的时间和精力，并且对提升自我价值毫无帮助。人与人的差距也就由此拉开。

采铜在《精进：如何成为一个很厉害的人》一书中提出“半衰期”理论，指出事情的收益持续性比事情的瞬间收益更有意义。我们很多时候都热衷于做瞬间收益高的决定，比如一些短期的投资项目，或找一份安逸的用来打发时间的工作，虽然这能使我们瞬间取得收益与欢乐，但却不能带来长久的影响。而像是制订人生目标、学习新技能等决定，虽然看似枯燥，但能随着时间的推移对未来的发展提供持续的收益。

当然，并不是说短期的决定毫无意义，但是在精力分配方面，我们应该花更多的精力去做那些收益期长的决定。《大学》中说：物有本末，事有始终。只有当生命中的重要决定落定以后，其他决定才能为你的生活锦上添花。

第二部分
决定你上限的，不是能力而是格局

你没钱，只是因为不够努力吗

有读者跟我留言说，他家境不好，所以工作之余从不敢懈怠，做了好几份兼职，从没去过高档餐厅，也不旅游，更不敢谈恋爱。但令他既困惑又痛苦的是，即便这样认真和忙碌，日子依然不给他好脸色。他不知道何时才能摆脱这样的生活，即使心底一次次想要停止忙碌，但眼前的窘迫还是让他不得不再次陷入这场循环。

01

春节回老家过年，我见到了儿时的玩伴强。他颓废、毫无精气神的样子让我既遗憾又难过。

很多年前，我们在镇上的初中上学，强的身体素质很好，一直怀揣运动员的梦想，每天晚自习之前，都会把时间用在锻炼上。他的短跑成绩惊人。我很欣赏他的坚韧，也相信他能够实现自己的梦想，而他也很享受每一次的欢呼与掌声。

可是这样的日子很快就结束了。初三那年，强和同班的一个女孩恋爱了。他们每天游荡于小镇的网吧、街道，学习成绩一落千丈，一直坚持的锻炼也放弃了。

中考结束，强就背着行李去南方打工。临行前，我几次劝他留下来，我们一起上高中，然后考大学，去自己喜欢的城市读书。强当时的回答令我震惊，他说："你看我们天天在学校读书，为了多认几个字，人都要废了，还不如出去闯荡赚钱来得实在。"

当时，我们不过是十几岁，他却认为"读书无用，赚钱才是正道"。我不知道他是从什么时候开始有了这个想法，但在这样的小城里，有这个想法也不足为奇，毕竟身边每天都在上演。只不过，这点小小的赚钱的想法，在接下来的多年里，并没有如他所愿。

在我上大学的那几年，他在南方炎热黏糊的空气里，服务于强度大、工作时间长的工厂流水线。因为没有学历，技术性强的工作基本做不上；没有技术，职位也就无法提升。几年下来，每个月的工资仅够维持生活。没有积蓄，连辞职也不敢多想，生活仿佛就这样被安排好了。

刚刚工作的时候我们还经常联系，后来，可能是觉得没有混出个样子，渐渐地也不再跟我联系了。我想，对于当年的决定，他一定悔恨过吧。很多时候，让我们陷入这种“事事努力，却时时不如人”的境地的，不就是曾经一个“小小的决定”吗？

02

小美是我毕业后第一份工作的同事，她长得很美。

那时我们都是试用期，工资很低。为防止发生“财务危机”，我总是一发工资，就先把房租、生活费留出来，然后在银行存一个固定的额度，手上只留一点零花钱。因为有规划，所以每个月都能平稳度过，甚至有时候还可以多存一点。

小美就不同，爱美的她总是追逐时尚，看到同事拎好看的包，就会在网上搜索高仿的下单；看到闺蜜的口红颜色不错，必会问色号，下班就逛商场；为了新款的包背起来更好看，当然少不了与之搭配的裙子；为了让新买的口红不那么突兀，还重新配了粉底……

本来就不高的工资哪里能支撑小美这样的买买买，但这可难不倒她。购物网站的“分期付款”正中她的需求，当然也少不了经常找身边的人东挪西凑。

就这样，小美在“提前消费”的浪潮里，一边被“高品质生活”刺激着，一边被账单折磨着。为了尽快还清借款，她经常申请做那些补贴高的工作，比如支援一线、长途出差等，晚上还会去夜市摆摊。

如果说为了生活得更好，累一点倒也无妨，但她每天把自己弄得筋疲力尽，不过是为了偿清每个月本能避免的账单，实在令我不能理解。好在每个月都能勉强补上各处窟窿，也并无大错。

爱美如她，忙碌如她，偶尔有撑不住的时候，她问我，为什么这么努力了，还是这么累，还是过得不幸福。我说："你已经很'努力'了，但你有没有想过，你的努力只是在弥补错误的消费习惯带来的后果，哪里是提升生活品质啊。"

03

我有个朋友在私企做财务总监，她在招聘中遇到不少应聘者都有这样的情况：基本的办公软件操作都不熟练，却信誓旦旦地说"相信我，我一切都可以学"。

朋友告诉我，这句话是万万不可信的。第一，在学校都没学好的东西，还能指望离开学校之后学会？第二，职场是利益交换，不是培训场所，需要的是能够立刻创造价值的人。

我深以为然。

很多人在学生时代专业不精，出了校门则忙着娱乐、恋爱，回家之后，抱着手机玩游戏、逛商城、追剧……不到疲惫不堪不肯睡去，第二天起来哈欠连天。就这样，日复一日，年复一年，

3 年、5 年、10 年，转眼就过去了。当有一天他们发现自己的专业没有精进、技能原地踏步、眼界没能拓宽、格局依旧时，才感叹时光易逝，生出一种焦虑感。

04

很多人越忙越穷，越努力越过不好，归纳起来，大致原因有以下几点：

在人生的起步阶段当了“逃兵”。比如在环境、外界等因素的影响下早早放弃学业，导致以后的人生大概只能从事报酬低的工作。

在人生的加速阶段无力加码。比如，因前期积累不足，或者虽然有积累，但内功枯竭，导致在青年至中年时期难以升职。

在生活习惯、消费观念的认知上有很大的误区。以为高品质生活就是要不停地买买买，以为所有的光鲜亮丽，自己都有资格即刻享受。殊不知“延迟满足”更能获得愉悦，“量入为出”方可静享长远。

所以，你没钱，真的不是因为你不够努力，而是认知出了问题，解决了认知问题，越努力越无助的焦虑才能得到化解。

你确定，真的喜欢稳定的生活吗

生命是一场修行，没有彩排，没有暂停，每一天都是新的，每一刻都精彩纷呈。来人间一趟，这个旅程，我们要用心享受。只要我们尽力尽心了，不给自己设定局限，不无视远方，不按部就班，不行将就木，不行尸走肉，遇花赏花，遇风追风，生活自然会把最好的结果回馈给我们。

01

我的堂弟超，大学上的是船舶学院，毕业后进了一家国企，做船舶维护方面的技术工作。每周上班 5 天，朝九晚五，各种保险一应俱全。

他成了“别人家的孩子”，总是被邻居们当作教育儿女时的正面典型，他的父母也非常满意这个现状。

我当时还在试用期，灰头土脸的，每天挤人贴人的地铁，吃油腻的快餐，住在阴暗潮湿的小单间里，隔壁租客的咳嗽声都能听到。

一跟堂弟对比我就心生倦怠，但这条路是自己选的，只能一步一步走下去。

某个周末，堂弟在微信上跟我说：“姐，我辞职了，我爸妈还不知道。”

我吓了一跳，忙问他是怎么回事，是工作失误了，还是被同事排挤了，或者是感情出状况了，所以要做点事发泄一下？

他一一否认，说：“我厌倦了日复一日的工作，那些事情，我闭着眼睛都能做完。你知道我的工作有多单调无聊吗？这么跟你说吧，门口的石狮子，我知道哪只脚往前倾；会议室的窗台，我能看出多久没擦了；放映室的饮水机，我知道一个月之内换了两个牌子……”

好吧，我震惊了，原来他的时间是如此丰裕，所以他这么“细心”地做到观察入微。

他在跟我抱怨之后很久都没有再联系。后来，我看他的朋友圈，发现他一个人去了西藏。在路上，他享受着和煦的阳光，蓝蓝的天空，纯净的空气。他的笑容，是久违的灿烂和开心。

“我以为我喜欢稳定的生活，朝九晚五，丰衣足食。现在我才知道，其实我更向往随心的时光，说走就走，哪怕风餐露宿。”

生活本是一场未知的遇见，只要是跟着心走，不稳定又如何？年轻时，总有一些路与众不同，即便不是那么合乎世俗，我们也要去尝试一下，感受不一样的生活。

02

曾经有网友问我：内心排斥稳定的生活，是一种不正常的心理状态吗？

她是初中生物老师，这个学科相比数理化而言并不被重视，所以她的工作比较清闲，每天就是按照课程表给 3 个班级上课，再就是照看一下学生的晚自习。一周下来，总计上课 6 节，照看晚自习 2 节。她跟我说，这日子太清闲了，太枯燥了，让人无聊得总想做点什么。

后来有很长一段时间，她没再联系我，我以为她找到了业余爱好，或者忙于生活中的琐碎而无暇联系。

有一天我刚下班，就收到她发来的几段语音，大意是她辞职了，跟一个同事合伙做服装生意，店面已经开张两个月了，一切都在慢慢摸索。她知道我在做公众号，问我能不能帮她宣传一下她的小店。

我不禁对她的勇气感到敬佩。在小城市里，教师是一份多么稳定、体面的工作，那份悠闲和舒适，远不是大城市的上班族所能想象的。能够毅然放弃，确实需要决心。她跟我聊了这几个月的艰辛，但言语之中她对自己的选择充满了热情。

在这网购盛行的年代，我知道实体店生存委实不易，还好听她说她所在的城市生活节奏并不快，大家买衣服还是到服装店，因此开张至今还不错。我根据她的实际情况，给她提供了一些文案参考，帮她设计了广告语，还建议她在线上线下做几期促销活动，效果很好。她对服装店的经营充满了信心。

我不知道她的店能坚持多久，但我从中感受到她对生活的热情是那样直接而强烈。对于生活来说，这不就是最好的状态吗？

03

前段时间，我看了江一燕主演的《77 天》，坐着轮椅的女孩，本应安稳的生活，但她却想着去征服极地。学滑雪、学手驾开车，独自驾车走完 318 国道。我们看到的是她在征服世界，其实她不过是在追寻她想要的生活。而江一燕本人，何尝不是这样一个女子。

我第一次看江一燕的影片，是在 10 年前那部《我们无处安放的青春》，里面的周蒙笑靥如花、温文尔雅，让男生们想起初恋情人的样子。虽然作品不多，但每一部、每个角色，她都能诠释得既有性格又充满质感。比如《南京！南京!》中勇敢倔强的江香君，话剧《七月与安生》中放荡不羁的安生。

作为演员，在荧幕上她能清纯也能妖娆，可迷离也可冷峻。业内人士评价说，如果她能专一在演戏上，可能会更火。但她没有往“火”的路上走，而是选择了另一种生活方式：用文字、摄像机、音乐、支教等来表达、诉说自己。除了演员，她还有另外几个身份：作家、摄影师、音乐创作人、志愿者、山区支教老师……

至于为什么要选择多重生活，她在博客中曾这样说：作为女演员，差一点即差很多。

她知道自己的极限，清楚自己在某一领域所能做到的极致努力，所以开始了她“不争”的人生。

其实，她的“不争”在社会上却是最大的“争”：不争名利，不争蒸蒸日上的演员生涯，放弃日进斗金的奢华生活，去“争”一个淡泊、安然的状态。这份出世的潇洒和淡定，有几个人能做到?

她说，她的信仰就是天地、自由与爱；她还说，何必在意故事的皮毛，你的心始终是最重要的答案。

是啊，稳定富裕的生活如何？出离尘世又如何？跟从内心，忠实于自己，只要拥有一颗坚定的心，只要懂得生活的真正意义，再微弱的生命也能发光发热，活出属于自己的精彩。

04

大冰那句“愿你我既可以朝九晚五，又可以浪迹天涯”，打动了很多人。究其原因，是其中有一份洒脱和快意。在昭昭明日里，我们即便不能选择如何生、如何死，但还可以选择如何爱、如何活，这是我们的权利，没人能夺取，没人能代替。

很喜欢一句话：世间事，除生死，都是小事。我们来世上一遭，不是为了一眼到头的生活，在本应绽放的年纪，就应当活出自己的精彩。

贵在坚持的前提，是你走在了正确的道路上

很多人对“水滴石穿”“只要功夫深，铁棒磨成针”等话深信不疑。他们认为，只要做个持久发力的永动机，就能获得自己想要的一切，比如友情、高收入的工作、不错的学历、健康的身体等。

事实上，真的如此吗？可以肯定地说，不是的。不辨方向、不问对错的坚持，只是一种自我感动和自我蒙蔽的消耗而已。要想得偿所愿，还是要找到对的那条路。

01

我的大学室友婷，文笔很好，性格温婉、细致，在刚入学时

便顺利进入学院的宣传部，每天参与广播站、文学社的各种宣传活动，忙得不亦乐乎。

大一时，还没有开设专业课，时间很充足。为了过得充实点，我们在辅导员的建议下纷纷开始了“考证”历程。考虑到以后就业时普通话还是很重要的，因此我报了普通话等级考试，并买来教材，跟着视频学。

有一天晚上，快10点了，婷疲惫不堪地回到宿舍，一进门就向我抱怨起来：“哎，英语角都是些什么人啊，尽讲一些我听不懂的，要不是报了英语口译考试，我才懒得去和他们打交道呢。”

原来婷报的是英语口译考试，所以每天去英语角练习对话，无奈基础薄弱，即使天天去，天天练，也跟不上大家。很多时候同学谈论的话题深了一点，她就跟不上了。

我劝她：“要不就算了吧，别这样为难自己，毕竟你擅长的是写，为什么不去考个秘书资格证书什么的呢？”

婷没说话，那晚的卧谈会上也一言不发。在我看来，人的精力是有限的，而且各有各的认知盲点。很多事情不是说坚持去做，呕心沥血去做，就一定能做好的。在这样的情况下，我们何不把思维打开，换个方向呢？

毕竟，兴趣才是最好的老师，对不爱的事物死磕到底，除了浪费时间外，再也没有别的用处。

02

邻居家有个上初二的男孩，叫强子。他每天都很勤奋，几乎每天晚上，我做完 PPT，回复完邮件，敷完面膜，洗漱好躺在床上后，还能听到他在背英语单词。

刚开始的时候，我非常佩服他的韧劲。他这个年龄段的孩子，做完了学校布置的功课，心早就飞到游戏、手机上了，能像他这么坚持的孩子的确不多。

有一天，我在电梯里碰到他的妈妈张姐，便闲聊了几句。张姐一说起儿子便愁眉苦脸地说："哎，我这孩子，学习一直没什么进步啊。上个月考试的名次和这个月考试的名次根本没变过，这可怎么办啊？"

我很不解："我听他每天晚上背书到很晚呀，这么用功，没道理不进步啊。"我这么一说，把张姐一肚子的苦水"引导"出来了。

原来，为了孩子的学习，张姐和她老公费了很大劲，还请了家教，但就是不见成效。

看张姐这么着急，我决定去她家看看到底是怎么回事。那天晚上我加完班回到家，已经快 10 点了。强子坐在书桌前，左边摊开英语课本，右边打开一本历史教材，他嘴里啃着一颗苹果，耳朵里塞着耳机，腿搭在椅子上，随着音乐的节奏摇晃着。

我瞬间明白为什么他如此用功却毫无进步了，原因只有 3 个字：不专注。

人的精力其实很宝贵，在一段时间内的高度专注力是有限的。如果想提高单位时间效率，那么在一个时间段内我们只能专心做好一件事。可是强子既想背单词，又想温习历史；既想听歌，又要招呼肚子里的馋虫。纵使有三头六臂，也无法同时处理这么多事。难怪他一直努力却一直停留在原地。

03

我高中时有个同桌，叫萍。她非常羡慕别人能写得一手好字，常常对我们说："哎呀，你看那字那么舒展，多好看啊，我要是能写出这么好的字该多好啊。"

说的次数多了，我就建议她："与其羡慕，不如你自己也去写吧。"她连连摆手道："唉，我不行的，不行的。"我只得又说："不试试，你怎么知道自己不行呢？先别想那么多，就当个课余爱好，学习累了，就练练字，换换脑子而已。"

这下，萍好像听进去了，就说先试试呗。

后来，她把课余时间都用在了练字上。但没过多久，她就找我诉苦："你看，我的字一点进步也没有呀。"我拿过来一看，还真是跟之前没有区别。按理说，她每天练得这么认真，又独创了"悟字"的方法，为什么没进步呢？我真的百思不得其解呀。

我正愣神，她又开口道："你看，我练瘦金体，练正楷，练隶书，都是一个样啊。哎呀，没意思，我不想练啦。”

我明白了，她这纯粹是东一榔头、西一棒槌地耗费时间，努力练字没问题，问题是到底想练哪一种字体呢？每一种都想练，却都只练了两三天，那当然就练不出模样来。

04

在生活中，我们听了太多关于“坚持”的教导：十年磨一剑、水滴石穿、绳锯木断等，还听过“精卫填海”“达·芬奇画蛋”“司马迁含冤蒙垢数十年写出《史记》”等故事，这些都说明了坚持的重要性。

我很佩服这种几十年如一日的坚定不移的精神，因为那需要耐力、体力、精力、脑力等多重的付出。但是，如果想取得成功，请坚持之前，务必找对方法。

首先，兴趣是最好的老师。一件事情只有从心底热爱，才能做得更好；其次，请在做的过程中，保持高度专注，因为精力是稀有物，不能同时用在好几件事上；最后，一定要树立目标，有了目标，就好比是航行在茫茫大海中的船只，有了指路的明灯，要去往那里，在哪里拐弯，一目了然，不会做无用功。

如此三步走之后，才算是找到了方法，走对了路，才可以去谈“坚持”。

成为自己才最棒，你无须活在别人的期待里

有没有想过，我们其实一直都没有做自己，而是在做别人：别人的儿子（女儿）、别人的丈夫（妻子）、别人的爸爸（妈妈），等等。当人生到了某个阶段，我们应该审视一下自己的生命，思考一下内心深处的自己到底是谁。

那些禁锢的枷锁一直都在，从小到大的条条框框也没变过，但是这并不代表我们就必须顺从他人并满足他人的期待。

01

芳是房东的女儿，30 岁了依然未婚，这些年她一直漂在上海，很少回来。

房东太太空闲时，喜欢找我聊天，说来说去，无非就是芳的“不听话、不孝顺”。比如，高中时让她选择理科，她偏偏读了文科；让她在本地上大学，她却去了千里之外的城市；毕业了，让她回来考公务员，她却通过校招，进了一家通讯公司。

用房东太太的话说，学理科有利于高考时报理工类学校，这年头，理工类才是实用的，理科生相对好就业；要她在本地上大学，是为了方便他们照顾她；让她考公务员，无非是图个将来稳定，女孩子嘛，终归是要嫁人的，不必那么拼。

这些话，我听了之后就想，难怪芳不经常回来。父母给了那么多那么大的寄托，要她如何承受？

有一天，为了帮房东发照片给芳，我加了她的微信。大家熟络以后我尝试着在微信上劝她，告诉她父母虽然强势了一点，但总归是为她好，希望她有时间可以回来看看他们。

芳没说话，10 分钟后，发来一段长长的语音。她说她从毕业时什么都不懂的小白，到现在做了主管，是中层里面唯一的女性。不光如此，顶头上司对她的评价非常高，并明确表示她升下一任总监没有太大问题。

我懂芳的意思了，她是想说，安稳不是她想要的，按部就班也不是，混沌终老更不是。她想做的是挑战和自我塑造，重要的是，如今这两点她已经完成得很好了。

后来，芳给父母发了一封邮件，说了这么多年的艰难，也说了如今的成绩，然后请求二老放手让她飞，她会飞得更自由，更畅快。后来，房东太太很少抱怨了，想必是看到孩子长大了。

02

常常听人说起关于微信朋友圈的“烦恼”：和女朋友感情挺好的，两人相处的温馨时刻发朋友圈会对圈里的单身青年产生爆击吗？看了一本书，觉得内容挺有意思的，把写好的读后感发到朋友圈，会不会被说“装”？微信好友既庞大又复杂，为避免家人隐私被不熟悉的人看到，设置成“仅三天可见”可以吗……

其实，朋友圈是个人的自留地和展示平台，它的主要功能就是“分享”，但是现在，却让很多人顾虑重重。

我有个朋友，她就遇到了这样的问题。

她很喜欢读书，也喜欢交朋友，于是就抽时间参加了当地的一个读书会。每到周末，读书会成员就在组织者提供的书店或者咖啡厅里进行面对面共读。大家当场交流，然后写书评。

因为大家都是爱书之人，自然也都喜欢写写文章，所以她把大家的文字都收集整理好，发在自己的朋友圈。一来，是为了监督自己学习；二来，是想分享给朋友们。

一开始有很多人点赞，慢慢地，连礼貌性的回复都很少了。她还得知，有的人为了不看她的分享，屏蔽了她的朋友圈。

“我又不是做微商，分享有意义的精神食粮，有错吗？”她很委屈，跑来问我。

我对她说：“你做什么说什么，都是在表达自己，你想怎样就怎样，不用管别人怎么看，你不是为了他们而活。”

可能要等她年龄再大一点，才会明白：这世界上，本来就是各人有各人的看法，喜欢你的人，不管你做什么他们都会喜欢，不喜欢你的人无论你做什么都是错的。如果你想满足每个人的期待，那注定会失去自我，失去有趣的灵魂。

03

《阿甘正传》里有个经典的对话：“你以后想成为什么样的人?”“什么意思，难道我以后不能成为我自己了吗?”

太多人活在别人的期待里，丢了自己而不自知。想来一场说走就走的旅行，却因害怕别人嘲笑他穷游而迟迟未成行；想去追女神，却因害怕别人取笑他癞蛤蟆吃天鹅肉而小心地收回了目光；想创业，却因害怕别人骂他不切实际而日复一日地消磨自己的激情……

这个世界上，他人的认知无论好坏也只是他人的，有人认为旅游就必须要去风景胜地，要吃得好住得好，此外，却不知道旅游还可收获自己的见闻；有人认为漂亮女孩都是喜欢高富帅的，却不知道女生在爱情里追求的是真心；有人认为创业失败是难以承受的，却不知道失败是为下次成功做准备……

你看，总有人喜欢用有限的认知桎梏这个世界，你问问自己，你甘于被桎梏吗？

王小波有一篇文章叫《一只特立独行的猪》，他在里面写道：“它们肯定不喜欢自己的生活。但不喜欢又能怎样？人也好，动物也罢，都很难改变自己的命运。”

但是，文中的猪，不是这样的。它无视规则而且大胆，成了名副其实“特立独行”的样子。

这篇文章，看似说猪，何尝不是在说人？

如果在短暂的一生中，我们失去了主见，一味顺从别人的看法，活在他们的期待中，模糊了自己，这该是一件多么悲催的事情。

听从内心，无关西东

提到“投资”这个词，很多人首先想到的应该是买房子、买股票基金、买原油、买黄金等，但是，大家都知道，投资有风险，入市须谨慎。财富是“0”，自己才是“0”前面的“1”，没有这个“1”，无论多少“0”，结果还是“0”。唯有投资自己，才是最靠谱的投资。

01

我曾经有个同事，因为总想着快一点升职，所以每天他都会接很多工作来做，分内的、分外的，本职的、他人的，只要领导吩咐，他就上去揽下来。

我问他："为什么要这么拼?"他说："因为准备结婚了，房子的首付还差一点，所以要拼命努力升职涨工资啊。"

直到有一天，以前都提前一个小时上班的他快到中午了还没见到他的影子，也没有邮件、电话向领导交代去向。

大家都觉得很奇怪，正议论纷纷的时候，他气喘吁吁地赶到了，一脸的疲惫，说："抱歉来迟了，今天早上出门时晕倒了，邻居把我送到医院的，医生说劳累过度造成的。"

原来他本身就有点低血糖，再加上连续 3 个月的加班，身体已经被严重透支了。这下他只好遵照医嘱，减少工作量，按时休息、按时吃饭，等待身体恢复。

在电视剧《奋斗》中，陆涛的爸爸对他说："华尔街那些能够赚大钱的人，很多人在读大学的时候就是学校里面的体育明星。成功的商人不仅仅是靠算计才能挣大钱，同时也要靠气势。"

我认为，这里所谓的"气势"，指的是面色红润、双目有神、四肢灵活等状态，这种状态是一个人身体健康程度的直接反映。试想一下，如果过度劳累，我们不仅面色憔悴，精神上也是振奋不起来的，还怎么谈努力工作、努力升职?

有一句话说：越运动，大脑越聪明。因此，不妨从投资身体开始，好好保养它，让它时刻处于最佳状态吧。

02

2018 年 4 月，外卖小哥雷海为击败北大文学硕士彭敏，成为

《中国诗词大会·第三季》总决赛冠军。

这个消息一出，人人哗然。

有人说他身处泥泞仍然仰望星空。

在空闲时间里，他先看写作背景，再看字词注解，理解之后才把新诗背下来；在送外卖的等餐时间和休息时间，他则温习背过的诗。他读诗，也写诗，自学格律，研究炼字和韵脚。

他有一张泛黄、撕裂、看不清字迹的纸，上面积累了 1071 个诗题。这个数字，在陪他度过所有闲暇时间之后把他推到了央视舞台上，使他被看见，被赞许。

有人说，对彭敏来说夺冠只是一个荣誉，是锦上添花，但对外卖小哥来说，这可能是他生命的光亮，是雪中送炭。

我深以为然。

如果因为种种原因自身已经处于底层，那么为了找回自己，实现属于自己的价值，还可以做些什么呢？答案就是：在智力上对自己进行投资。我们去做这一点，是让自己不浑浑噩噩地过一生，不在困境里自断曙光。

这里所说的智力投资，不是指从幼儿园到大学等系统的学历教育，而是指完成基础教育之后的自我提升，这种提升的方式有很多，比如读书、参加培训、向行业前辈请教等。

这是一个信息化社会，只要想学习，就能找到方法与途径，就怕我们自己先放弃了。

当年因为挂科而休学的韩寒，如果他在前期没有对自己进行智力上持续不断的投资，没有选择大量读书，那么在休学之后，恐怕也只能得过且过。

03

上大学时，我经常会和朋友们一起出去旅游。当然，大家都是学生，没有什么收入，所谓的旅游，其实是“穷游”。

我们会事先把攻略做足：选什么路线，乘坐什么交通工具，在哪里找落脚点（住宿），在哪里吃饭等。把攻略做好需要强大的信息收集能力和整理整合能力。

在旅游过程中，我们会接触到不同的人与不同的事，会看到平时没看过的景色，也会和同行小伙伴们在摩擦之后加深相互之间的了解，找到舒适的相处模式。

这些都是收获，而且这种收获能够作用于将来，对以后的生活产生积极的影响。

也许有人不认同，觉得在学生时代只要好好读书听课就好，搞穷游纯粹是瞎折腾。但我认为，旅游、交友、写作等也是一种投资，甚至可以上升为一种精神上的投资。人是需要被滋养的，不管外部条件如何，都需要对自己进行精神层面的投资。

没时间去电影院？那就在网上注册个会员，对于口碑不错的电影多多钻研，你的鉴赏能力就会提高。没钱买高端家具？那就记得下班时，买一束鲜花回来插在瓶子里，这样房间里照样能有家的味道。没能力去国外体验异域风情？那就先定个小目标，看看周边的城市……

日子是自己过的，是过成平淡又浪漫还是过成一摊死水全在于你自己。诗和远方是我们对自己的嘉奖，是我们在钢筋混凝土的都市里可以抚慰自己的最好方式。

有人说，没有长夜痛哭过的人，不足以语人生。我想说，精神世界没有被滋养过的人，不配谈生活。

04

假如财富是“0”，自己是“0”前面的“1”，那请记得，一定要先投资自己，让自己越来越好。“1”的效用越来越大，“0”自然就能发挥出意义。

如何投资自己呢？综上所述，从3个方面着手。

在身体方面投资：健康的身体是干事业的本钱，也是一份宝贵的形象名片。因此，好好锻炼，好好保养，身体好了精神面貌自然好，整个人的气质和气场也会很不一样。

在智力方面投资：不管处于哪个阶层，一定要记得保持终身学习的能力。不断成长，不断丰富自己，才能不断前进。

在精神层面投资：人的灵魂是需要滋养的。要想学会在泥泞里看到坦途，在暴雨里看到彩虹，是需要精神世界的丰富和心灵世界的宽广。

做到以上3点，就是对自己最靠谱的投资，愿一起努力。

所谓平凡可贵，不过是平庸者的自我安慰

家里的老人家总是告诉我们平凡可贵这个道理，虽然表面上我们对此嗤之以鼻，但实际上可能已经偷偷地记在了脑子里。不知道大家有没有这样的感觉，当我们在外界的推动下不得不离开舒适区的时候，慵懒与焦虑就会把这句话给带出来，在我们的脑海中浮现。

平凡是否真的可贵，我想对于一个 20 多岁的年轻人而言真的不能对此做出定论。在本该绽放的年纪，我们是否应该抹杀自己的光彩，选择碌碌无为的生活？明明可以走上一条风景亮丽的人生道路，却因为自己的懒惰与焦虑去选择一条一眼就看到终点的路，这样碌碌无为的一生难道真的有那么可贵吗？

不知道大家有没有想过，很多时候我们所听到的平凡可贵不

过是平庸者的自我安慰罢了。

01

前阵子，好友子杰找到我说最近他失业了，让我帮他留意一下身边有没有需要策划的企业。我顿时就懵了，子杰之前在一家大型的活动策划公司工作，虽然工作忙但是工资高、福利好，加上公司是全国范围经营的大型企业，因此员工每个季度都有到其他地区学习和自我提升的机会。

在这么优质的企业里工作对提升自己有莫大的好处，况且子杰已经在这里工作了 5 年，怎么现在说走就走呢?

在我的追问下，子杰支支吾吾地告诉我，前几天公司内部调整，随后部门进行大裁员，子杰的名字不幸在列。虽然得知真相的我为子杰感到惋惜，但不得不说的是，就我所知，子杰的工作态度其实也不适合在这样的大企业中存活。

子杰在刚进公司的时候很受领导器重，一个项目中的各个环节都让子杰试着跟进，但子杰一直以来都以“打工”的心态去应付领导。很多时候工作还没做完，子杰却要坚持准时下班，按他的说法是因为公司加班费太少，加班不划算。

久而久之，子杰的态度引起了大部分领导与同事的不满，子杰却以此为傲，好几次在朋友聚会中提及这些“伟绩”。我们多次告诉他，说工作并不是为了薪水，而是为了给自己提升的机会以及享受完成工作的成就感。可每次子杰都对此嗤之以鼻，说自己只想过舒适简单的平凡日子，没有我们想得那么高尚。

过了两年，越来越多的新人入职，子杰从一名新员工成为部门的资深员工，可他的态度依然慵懒。领导为了激发他的工作热情，打算派他到北京总公司学习两个月。没想到子杰一口回绝了领导的好意，并说自己哪都不想去，只想每天准时上下班、准时收工资便可。

于是，子杰在部门里越来越边缘化。直到半年前，公司传来要进行改革裁员的消息，子杰才如梦初醒想要努力工作。可是，一个部门的工作量就这么多，平日慵懒的他把原本自己的工作都交给了别人，如今他哪怕想要努力拼搏却也找不到努力的方向。

本来是领导器重的新人，却由于不愿付出而白白失去了机会；本来有外出学习的机遇，却因为不愿走出舒适区而把机会拱手让人。明明是自己不愿意走出工作的舒适区，却安慰自己平凡可贵，殊不知自己所丢弃的机会与耗费的时光才是人生的瑰宝。

02

记得当年高考成绩出炉的时候，我由于考得不好而一直郁郁寡欢。当时，我一门心思想要考省里 211 大学，就读新闻专业，没想到一次失利使我的梦想一下子就破碎了，那时我心情低落得把自己关在屋里哭了几天。

母亲看我如此沮丧，亦曾无数次安慰我，但我心如死灰，根本听不进劝。好几次我都在想：既然考不上就算了，随便找个专业读完到社会上混混日子也就可以了。

后来母亲也烦了，直接给我丢下一句："一次考砸了就哭哭啼啼，就你这样哪怕让你考上北大也不会有什么作为。"

我曾经在网上看过一句话："成功者永远将成功当成目标，失败者永远把失败当作借口。"当时的我不过是高考失利而已，却仿佛被毁掉了整个人生。

很多人会把失败当成是人生平庸的借口：既然没有最好的教学条件，那就认了；没有得到上司的赏析，估计我在这一行也不会有什么大的作为；她不喜欢我，一定是我太丑了没资格拥有爱情。我们会因为失败而自暴自弃，不愿意走出舒适圈，为未来再拼搏一次，甚至还会告诉自己：这辈子就这样吧。

可是，既然心中有梦，为何要让挫折阻挡我们前行，哪怕没有资格走最平坦的道路也没有关系，荆棘密布的小路自有我们的一席之地。

"真搞不懂你们现在的年轻人，明明生活条件这么好，有自己喜欢的事情为什么不去做，非得哭哭啼啼，好似不哭个昏天黑地就不叫努力似的。"母亲告诉我，在他们年轻的时候根本没有选择工作的机会，毕业以后就被学校或居委会分配工作，运气好的还能找个有前途的工作，运气不好的大概就只能蹲一辈子工厂了。

其实，我们口中的平凡可贵不过是逃避未来的借口。可是哪怕你愿意在面对生活的压力以及挫折时放弃前行的机会，选择像一只受伤的小兽一般躲在舒适圈里舔舐着伤口，等待时光逝去，生活也不会因为你的自甘平庸而对你手下留情。

03

有人曾经说过一段话：15 岁觉得游泳难，所以我们放弃游泳；到 18 岁遇到一个喜欢的人约你去游泳，你只好说“我不会耶”。18 岁觉得英文难，所以我们放弃英文；28 岁出现一个很棒但要会英文的工作，你只好说“我不会耶”。人生前期越嫌麻烦，越懒得学，后面就越可能错过让你动心的人和事，错过新风景。

生活从来都是一个不断遇见的过程，我们会在其中遇到挫折，遇到美好，遇到失败，遇到成功，而这一切正是平淡生活里散落四周的美好与意义。我们在面对眼前的困惑时，总是以平凡可贵为借口，为自己的故步自封找到一个心安理得的理由。

别再骗自己平凡可贵了，那只不过是你为自己找来的借口罢了。

无畏付出，但不无谓付出

从小到大我们都被灌输各种关于付出的道理。小学的时候，老师告诉我们要助人为乐；长大一点，我们接触到“赠人玫瑰，手留余香”；进入职场以后，又听到了各种无畏付出的道理。所以一直以来，我们都有着这样的错觉：只要我们甘于付出就一定会有收获。殊不知，在生活中我们却由于各种盲目付出而吃了不少哑巴亏。

“无畏付出”这句话是没错，然而在付出之前是否应该先衡量自己的付出是否正确，一味地付出只能让他人不断向你索求，使你的慷慨变得廉价。

01

又是一年毕业季，公司招来了一名应届毕业生阿斌。一开始，我们看他文质彬彬，估计他无法在这个高强度行业中熬过试用期。没想到他虽然看似文弱书生，但是干起活来却一点都不含糊。

当时由于刚完成了一个新项目，大家都比较轻闲，可阿斌却闲不住。他先后找了几位同事找活，但大家手头上都没有工作，因此也无法将杂活分给阿斌。于是，在他入职的第一天，阿斌将办公室的桌椅和地面都清洗了一遍，顺便把所有同事的桌面都收拾干净。

看着光洁如新的办公室，我们一众邋里邋遢的小伙伴们不禁对阿斌竖起了大拇指。

几天后，大家开始承接新的项目，阿斌也开始徘徊在每个人的座位之间找活，大家看他如此勤奋，也乐于将复印、送文件等杂活交由他处理。不消多久，阿斌已经熟悉了我们部门的业务流程，经理也开始把一些小活分给他。在短短一个月里，阿斌迈过了门槛正式成为我们办公室的一员。

然而，虽然阿斌手头的工作很多，但他依然热衷于为同事们送“温暖”。记得有一次，他手头上明明有一个稿件正在跟进，坐在他对面的小敏突然拿起资料准备复印，阿斌见状立马站了起来，从小敏手中夺过资料寒暄几句后急匆匆跑到了打印室。还有一次进行活动策划的时候，负责物资的惠子刚好通过了物资申报，阿斌立马利索地打电话给供应商订购了物资，并让惠子以后把订购物资的工作都交由他处理。

渐渐地，阿斌手头的工作越来越多，但他总能抽出时间来协助其他同事完成任务。久而久之，每当大家有什么杂活懒得干时就找阿斌处理，甚至在阿斌兼顾着几个小活动的情况下还被同事拉去跑腿。

随着行业旺季的到来，阿斌手头的工作变得更加烦琐，分身无术的阿斌开始拒绝大家的求助，想要专心完成手头的工作。没想到，这么一来好几位同事便开始对此颇有微词，并在背后议论纷纷。

有一次，某同事找阿斌帮忙被拒绝了以后嘟囔了几句，阿斌听到后立马对同事解释。然而，在那位同事正闹心的情况下，他的解释只能越描越黑，最后两人为了一件小事闹了个不欢而散。到后来，阿斌更是在大家对他的微言下忍痛辞职。

其实在职场上谁也没有被谁无故使唤的义务，我相信阿斌一开始只是想尽快融入集体才甘愿成为大家的“贤内助”；后来他的工作越来越多，但他出于对同事们的热心，只好挤挤时间为大家效劳；最后大家都习惯了把杂活交给他处理，他却工作缠身再也抽不出时间来，于是大家就有了一种“翅膀硬了”的错觉，破坏了同事之间的关系。

有人说，初入职场多给前辈打打下手尽快熟悉业务难道不对吗？要怪就怪那些同事得寸进尺、贪得无厌。在我看来，那些喜欢使唤阿斌的同事自然有错，但阿斌也有自己的问题。他的问题就在于只知道盲目付出，为了帮助同事甚至连自己的事都丢到一边，这样别人难免会将你的付出看作理所当然。

正如网络上曾经有过的一句话：你要是喜欢仰望他人，就别怪人家俯视你。“升米恩，斗米仇”的道理人人都知道，可是我们依然无法在生活中做好自己的本分。太多的无谓付出使我们陷入了付出与收益的不对等的状态中，待到我们想要抽身的时候，却为时已晚。

02

很多人在生活中都有这样的想法：我们只要愿意付出就一定能够帮到别人，所以在生活中总是热衷于无条件地付出。殊不知，很多时候我们的付出虽然解决了他人眼前的问题，可是到头来不仅没有帮到别人，反而在一定程度上影响他人的发展。

萍姐是一家企业的财务主管，作为工作狂的她绝对不允许工作留到次日完成，“今日事今日毕”是她多年来一直视为真理的名言。因此，很多时候在她下面工作的员工都必须加班加点地完成工作。

有一次，我约了萍姐共进晚餐。到了下午 5 点多的时候，萍姐告诉我部门有一个实习生的工作没有完成，必须监督她完成工作后才能赴约，我只好打车到她公司去等她下班。

当我到了她的办公室时，发现有一位小姑娘正埋头敲打着键盘，而一旁的萍姐却在悠闲地用手机购物。后来，我问萍姐："当时你帮她一下不就可以早点下班了吗？"萍姐告诉我说："这本来就是她应该学着完成的工作，如果我去帮她的话，那么她不仅白白加了班，而且下次遇到这样的问题一样需要假手于人。"

付出从来都不是廉价的，或者说真正有意义的付出都带有极大的功利性，在它看似无私的外衣下包裹着或多或少的目的性。也许帮助别人是为了能够解决他人的燃眉之急，得到他人的赞许；也许付出是为了拉近彼此的关系……

因此，我们每一次的付出都需要换来一句发自内心的谢谢。或者有人会说那是不对的，那是功利的想法。可是那些无谓的付出只不过是疲倦生活里的多此一举，甚至当你还沉浸于自己"无畏付出"的错觉中时，人家早已将你的善良看成是讨好与迎合。

03

生活中很多人会出现"热脸贴到冷屁股"的情况，在大多数情况下，这都是我们的讨好型人格惹出来的祸。我们渴望在生活中寻找自己的价值，也渴望让人们看到自己的存在，于是便习惯了不分对错地盲目付出，使我们的付出变得越来越廉价，善良与友好也逐渐变成了讨好与迎合。

盲目付出只会使自己的善良变质，扭曲成他人眼中的讨好。当然这并不是说主动帮助他人不好，然而一切没有底线的帮忙都不过是为自己的焦虑买单罢了。因为害怕失去存在感，所以愿意委屈自己盲目付出；因为害怕彼此关系疏远，所以你抓紧每一次付出的机会；因为害怕没有人看到自己的价值，所以不断创造能够让自己付出的机会……

何必呢？生活不易，请好好珍惜自己的善良，愿你未来成为一个睿智的人，无畏付出，但不无谓付出。

第三部分
时间宝贵，把无聊的人请出你的生命

不是你的圈子，就别忙着挤进去

相信不少职场的朋友都有这样的迷茫：不知道如何融入集体。每次打定主意想要跟同事或上司搞好关系的时候都会不知不觉变得很尴尬，到头来跟同事的感情并没有变好，反而浪费了自己的时间。

这种吃力不讨好的交流并不仅限于职场，在我们的生活中亦不乏这样的无效社交：很多人有好几千号微信好友，但是在需要帮忙的时候却找不到一位愿意帮忙的人；有的人自以为认识多少土豪老板，然而却连一个跳槽的机会都没有得到。

其实，无论是职场关系还是社会人脉，都有着明确但无形的层次与分工。很多时候，我们花费了大量的时间和精力去努力打造自己的人脉，努力走进别人的圈子中，却发现到最后自己成了圈子里可有可无的小透明，甚至是圈中人眼中的跳梁小丑。

造成这些情况的原因很残酷：我们为了进入那个不属于自己的圈子，不惜将自己一步步推向了廉价的边缘。

01

我在前单位上班的时候，有一位实习生叫 W，她性格活泼开朗，形象得体大方，而且还仿佛深谙职场交际之道。刚入职没半天，她便在楼下西饼店买了好几盒芝士蛋糕分到各个部门，引得大家都对这个小姑娘赞不绝口。

中午，部门几个女孩子不想去饭堂吃饭，就讨论着到隔壁新开的餐厅尝鲜，随后还能到附近的电影院看一场 90 分钟的电影。W 像是听到了什么重大消息一般，立马掏出手机说："那家餐厅我有券，我来团购，还有电影院我也有会员，我请你们去。"

临下班的时候，办公室里的游戏迷开始蠢蠢欲动，讨论着当下热门手游的通关攻略。W 这时也凑到人群中说："这款游戏叫什么，好像很好玩的样子，我回头也下载一个。"

一开始，大家对 W 的热情还稍作回应。但几个星期后，大家仿佛对 W 的热情司空见惯了。因此，一如既往的 W 后来便得不到回应，可她依然乐此不疲。

有一次，单位组织员工到云南学习，部门里每个人都踊跃参与，但必须留一人在办公室以备不时之需。当主任说起这事时，大家沉默不语，并有意无意地望向 W。W 也不是笨拙的人，看办公室一片沉寂便跟主任申请留守办公室，原因是她这几天有朋友过生日，不便出远门。

临出发前，同事们纷纷跟 W 道别，待她目送所有的同事坐着班车出发后，她脸上的笑容才逐渐变成了失落。

当时由于有任务需要外出完成，因此我也无缘云南之旅。待我完成工作回到单位以后，发现办公室的灯依然开着，W 正一人拿着方便面盯着电脑屏幕发呆。看我进来，W 连忙回过神来，冲我笑了笑。

“这么晚还不回去啊?”我说。

“回去了也没事干，还不如在这多待一会儿呢。”

“不约朋友去玩? 对了，你不是说你有朋友过生日吗?”我突然想起这事。

话音刚落，W 顿了顿，欲言又止，良久她才小声说起：“其实今天是我的生日。”

W 的话让我明白了事情的缘由。

“你说，我是不是不适合在这里工作啊，大家都不喜欢我，明明我已经很努力地去跟他们交流，可是……”说着说着，W 开始哽咽。

“你来这里工作，有什么自己的想法吗?”我问。

“有啊，我想通过这个平台去展现自己的想法，因为从小我的脑袋里就有各种各样有趣的想法。”说这些话的时候，W 的眼中焕发着光芒。

“那就把精力都花在创作中，不用老是在意人家对自己的看法。”W 听完以后陷入了沉思。

也许，我们都有过这样的经历，假装跟谁都合得来，不惜委屈自己去迎合每一个人。很多时候，别人说的话题你并不感兴趣，然而为了迎合他们，你不得不说一些无关痛痒的话，希望别人能够注意到你。

不料别人并没有将你纳入圈子中，你的掏心掏肺换来的不过是别人权当施舍的逢场作戏，那些看上去高朋满座的时刻也不过是你一个人的独角戏。

02

很多人都认为，想要在社会上吃得开，人脉广是必不可少的。姑且不谈在职场发展中专业技术的重要性，光是那些见过一面、喝过一顿酒然后便在微信联系人中尘封的好友真的能够称得上是人脉吗？他们能把你带到他们的圈子中吗？

记得我当年实习的时候，由于没找到合适的工作，不得不去一家快销品企业的销售职位实习。经过同事们的帮助，我身边也多了好几个在社会上拼搏多年的管理层人员。当时没有见过世面的我认为，只要我能够跟他们建立起深厚的友谊，以后登上人生巅峰自然不在话下。

于是，每次他们前来采购的时候我都有意无意地让他们多给我介绍朋友，好让我实习期过后能够有更好的发展，每次他们都满口答应。现在想来，恐怕这都是我以最低批发价给他们发货所换来的逢场作戏。

后来，我跟企业的管理人员发生了一些摩擦，心高气傲的我丝毫没有犹豫便辞了职。随后，我想起了那帮朋友，便一个个发信息让他们帮我找一份合适的工作。没想到，当他们知道我离职后态度纷纷转了个 180 度，那些曾经以为牢不可摧的友谊亦全都化为虚有，无一例外。

说白了，所谓的圈子就是一群对等的人扎堆的聚会。如果你没有足够的能力与价值，哪怕你天天腻在圈子中也无法成为其中的一员，而当你成为一个拥有高价值的人以后，那些曾经对你不屑一顾的人自然而然就会融入你的圈子之中。

03

对了，W 自从开始专注于创作之后，有好几个创意收到了客户的高度赞扬，同事们也逐渐与 W 交好，每逢聚会都会叫上她一同前往。

后来，我跟 W 说起这事时，W 说：“一开始，我总是搞不明白，为什么我就连跟他们一同去吃个饭也成了奢望。我觉得他们不喜欢我，实际上他们根本就没有看到我，因为当时的我根本没有资格去加入他们的圈子。后来，我专注工作，逐渐获得一些成绩，他们也开始靠向我。我才发现，想要加入更优秀的圈子，靠单纯的迎合是没用的，唯有不断提升自己，让自己配得上这个圈子，大家才会把你当作圈子里的一部分。”

一个社会的正常运作有其合理的分工，有人站在高处，有人徘徊于底层，有人把所谓的人际和圈子看成是向高处攀登的捷径，就好比很多人看着头顶树上悬挂的果子口水直流。于是，他们不断往上跳，好不容易触摸到便又立马落到地上，从来没有成功摘到果子，却在虚幻的希望中乐此不疲地尝试，妄想着终有一日能够尝到那香甜的果子。

殊不知，在他们身边有一群人踏踏实实地奋斗。他们也渴望品尝那香甜的果子，但他们并不是盲目地乱跳，而是选择一砖一瓦地建造出属于自己的城堡。待到登上城堡的那一天，那些曾经高不可攀的果子对于他们而言早已是触手可及。

你看，当你什么都没有的时候，无论你怎么努力都无法融入身边的圈子，而你凭着自己的努力建造出自己的“城堡”后，那些曾经以为高不可攀的圈子早已在你身边不远处向你招手。

如果，现在的你无法融入眼前的圈子，那么请不要忙着往里面挤。当你学会把精力放在自我提升上时，要进入更高的圈子也不过是时间问题而已。

掏心比掏钱难，你的真诚自有回应

不知道什么时候开始，蹦迪、聚餐等娱乐活动渐渐成为当代人交际的主要方式。那些为朋友掏心掏肺的人在人际关系上显得没有那么吃香，走心的交际方式被大家遗忘，可是用钱能够衡量的友谊真的值得我们去推崇吗？

别傻了，那些为人们所热衷的交际不过是成人世界里的逢场作戏。但是相信我，保持真诚待人，时间会赋予你意想不到的收获。

01

前阵子，我到邻市出席一个商业活动，中途有人提问：“在职场上对同事们掏心，是不是一件很傻的事?”刚问完，周围的听众一瞬间全都静了下来，等待着问题的答案。

“当然不是，真诚待人是我们进入职场的一种很重要的素质。”我回答。

“可是，无论我怎么真诚待人，对方给我的感觉就好像是应该的一样，反而那些只会吃喝玩乐的同事看上去人缘比起我更好。”那位听众又说。当他说完，四周寂静的人们突然喧嚣了起来，大家都开始说起自己遇到过的类似情况：“是啊，很多时候我们熬夜帮他们做方案，还比不上隔壁那马屁精跟他喝一晚上酒。”“兢兢业业地做事还不如别人的一杯奶茶。”“咱公司那些都是靠吃喝混上高层的。”……

一时间，会场里传来各种声音，经久不散。我告诉他们：“不真诚的交际都是耍流氓。当然我们不排除生活中有既掏钱也掏心的朋友，但是对于那些只掏钱不掏心的人而言，他们的人缘只是浮于表面罢了。说到底，就是人与人之间的逢场作戏。”

活动结束后，我添加了那位听众的微信。他告诉我，他们部门最近有一个内部竞岗，他与另外一位同事都报名了。兢兢业业的他本以为此次竞岗胜券在握，毕竟另外一位同事无论在能力上抑或在业绩上都无法与他相比。然而，他却发现这位同事为了竞岗成功，连续几天下班后都请大家吃饭唱歌。短短几天，大家与他的距离仿佛一下子就被拉近了不少。

其实，这样的职场混子在每一个企业都会有。他们看似不学无术，却能够凭借一身吃喝玩乐的本领拉拢人心，看上去高朋满座的他们在职场上占尽了好处；而那些勤勤恳恳，无私帮助同事解决各种疑难杂症的职场“老实人”却有着相反的待遇。他们看上去并没有那么受欢迎，更多时候他们都在格子间辛勤劳作着，甚至还为帮助同事而做着义务工作。

这两种人在平日受到不同的待遇，大家仿佛都被小恩小惠遮蔽了眼睛，看不到那个在背后默默辛勤工作、为大家掏心掏肺的老实人。但是，那些浮于表面的人缘往往经不起时间的推移，而那些沉淀在心里的情愫则早已烙印在心。

很多人只顾欣赏眼前的海市蜃楼，却忽略了脚下的大地，等到海市蜃楼消失，他们才懂得对大地感恩。毕竟，作为普通人的我们总是记得是谁在困难中曾经奋不顾身地拉过一把，而那些纸醉金迷的时光却不知何时被抛诸脑后。

那些只知道花钱去拉拢同事关系的人其实很难成为大家信任的伙伴，因为他们这种行为已经是一种不踏实的表现。他们以为花点小钱就能换来大家的追捧，但那不过是成年人之间的逢场作戏。反而那些一心一意为同事着想、脚踏实地的人更能赢得同事的信任。虽然很多时候他们看上去人缘并不好，可是却能够得到同事们的信任与托付，甚至他们的存在都是同事们的定心剂。

02

在我朋友的公司里，就有一对“混子老实人纯爱搭档”。混子叫阿猫，是个名副其实的富二代，每日同事们都在他的英菲尼迪的引擎声中开始一天的工作，而他到公司工作的目的单纯是为了体验生活；而那位职场的老实人叫文彬，他名校毕业，技术功底深厚且勤奋工作，本应混得不错的他却吃了不少交际能力低的亏。

从阿猫入职第一天起他俩便结下了梁子。阿猫出于其富二代的人物设定，一走进办公室就给每人送了一盒名贵的巧克力作为见面礼，大家都纷纷点头表示感谢，阿猫也从大家的谢意中满足了他内心的虚荣。唯独文彬在收到巧克力时头也不抬地把巧克力放在一旁，简单一句道谢后就继续他的工作。从此以后，他俩在办公室里相爱相杀的故事就揭开了序幕。

为了跟同事搞好关系，每天下班后阿猫便邀上几位同事一同玩乐。不消几天，整个办公室都成了阿猫的“随从”。看着自己身边逐渐围起了“朋友”，而文彬则一直都是“孤身一人”，阿猫的虚荣心在强烈的对比下再次得到了满足。

说是参加工作，其实阿猫的日常工作也不过是收发一下邮件，偶尔跟客户打打交道之类的，那些部门的核心工作从来没让他接触。某次，办公室一位女同事由于身体不适想让空闲无事的阿猫帮忙跑一下客户处拿点资料，谁知阿猫一听便说自己有事忙，还说可以出钱为这位女同事付车费，让她自己打车去取。

其实，整个办公室都知道，阿猫所谓的工作就是看看微博、朋友圈罢了。

文彬得知这事后，连忙放下手中的工作，主动帮她。后来由于路上塞车，文彬回到公司后不得不加班完成手头工作。

一个人是否值得交朋友往往是一瞬间体现出来的，这种宁可花钱也不愿帮朋友一个小忙的做法，无非是给彼此的关系标上一个明码实价。只愿花钱吃喝玩乐而不愿真诚待人，在这种人的眼里，其他人永远只是比他低一等的陪玩随从。

虽然大家当时与阿猫的感情都还不错，而且部分同事更是掏心掏肺地把他当作朋友，但在那次之后，大家对阿猫的做事方式颇有怨言。

有一次，大家为了一个项目加班加点做好方案后，客户来电提修改意见，恰好是阿猫接的电话。听到对方一开口就来势汹汹地说这里不行那里不行，阿猫骂了几句后直接挂线。后来，这个项目自然是搁浅了。

重要的是，领导找阿猫问责的时候，阿猫却毫不在意地告诉领导，这个项目的损失与同事们的劳务费直接由他负责。当时领导气得脸色煞白，但又不好说什么，只好将事情告一段落。

后来，同事们由于各种原因都开始与阿猫保持距离，再也没有人跟他一起吃饭喝酒，甚至连集体活动大家都有意无意地忽视他。文彬虽然平时独来独往，可每当集体活动或是下午茶等其他活动时，大家总是第一时间想起他，甚至连保洁阿姨从家乡带来特产时也是第一个给文彬。

有钱能使鬼推磨，但是既然作为团队的一员，我们是否应该更好地履行自身的职责，而不是靠着一点小钱去抹杀团队的成果，还觉得自己威风八面。

没错，老话是说过“钱可通神”，然而在我国的传统文化中不也是有一句“君子爱财，取之有道”吗？表面上看来，我们这些普通人工作是为了钱，但同时我们也是为了提升自己和实现自己的价值而工作啊。也许，一开始大家将这些当成是客套，也就欣然接受，然而时间久了，相比那些无关痛痒的小恩小惠，找到一个三观吻合的朋友能使我们在职场中有更好的发展。

03

之前的那位听众发微信告诉我，在单位的竞岗中，他在大家的支持下成功当上了部门主管，而那位只会巴结的同事则成了真正的冤大头。看着他发来的信息，我仿佛可以透过屏幕看到他喜悦的样子。

我告诉他，职场上每个人都不是只会追逐铜臭的忠犬，他们有着自己的思维与想法，像是部门主管这样关乎他们日后发展的职位，谁也不会靠那么一点点小恩小惠来做决定。再说了，谁都渴望有一个既有人情味又愿意关心每一位同事的主管，你虽然看上去那段时间人缘不如那位同事，可是你这些年对同事们掏心掏肺付出的一切早已塑造了你在他们眼中的形象。

要在职场上及生活中交到真心的朋友，学会掏心付出是必要的。也许，在无私付出的过程中我们会倍受委屈，但这也正是真正的友谊从来不会廉价的原因。那些想要掏钱换取友谊的人思想是不成熟的，他们只看到眼前的付出，却不知道真正的友谊是用真心长年累月积累而来的，谁都不会因为一点小恩小惠就把你当成可以信任与托付的朋友，那些所谓的“有钱吃得开”的交际花不过是成年人之间的逢场作戏罢了。

掏心总比掏钱难，愿你能够无畏付出真心，真诚待人，赢得每一份真挚的友谊与感情。

每个人生来都有价值，不用在意他人的看法

一直以来，很多读者问我关于“价值”的问题，有的说自己在单位没有创造出价值，所以在同事面前一直抬不起头；有的说自己毕业后一直没有找到工作，感觉连家里人都看不起自己；有的甚至在被他人嘲笑以后一直自怨自艾，感觉自己的人生没有任何价值。

其实，每个人的人生都有属于自己的价值，只是要找到这份内心价值所需要经历的曲折人人不同。有的人从小就知道自己需要为社会做点什么，有的人则一直浑浑噩噩，直到被现实残酷压迫才意识到自己的价值所在。

也许，你会在别人的故事中突然明白自己在家庭中的价值，你会在他人的致谢中感受到自己的社会价值，你会在领导的表扬

中明白自己对公司的意义。但是在此之前，我们会迷失在生活的十字路口，迷茫与无助充斥在我们心中，使我们很容易妄自菲薄。尤其是在他人的言语下，逐渐迷失了自我，甚至无法找到自己的价值。可是，我们不必焦虑，每个人生来都有属于自己的价值。也许在他人面前，你只是一个不足一提的小透明，可是在一些人眼中你却是不可缺少的存在。因此，每当有人说起他无法找到自己的价值时，我都会给他们分享读者身边发生的一个真实故事。

01

前段日子公司裁员，T 的名字不幸“上榜”。因此，这座陌生的城市里又多了一位失业青年。那几天，T 回了老家，想休息一段时间。然而，得知 T 被公司裁员以后，曾经村里人眼中的骄傲立即成为人人皆可讥笑的失败者，在她面前笑嘻嘻的村民一背过身来就对此议论纷纷。

“T 啊，她还是赶紧找个人嫁了回村里好好生活吧，城里不是咱农村人待的地儿。”

“真冤枉了父母给她花了那么多钱读书，到头来还不如村里种田的。”

“这么大的人都还没有收入，哎，她小时候我就说过了吧，这孩子没啥出息。”

在小村庄里，这些闲言闲语一下子就传到了T的耳中。为了不给父母丢人，T没住几天就立马回到城里。她把自己困在出租屋里不停地反问自己，这一路走来究竟为了什么。如今快要“奔三”的她，依然独自在异乡孤身奋战，事业家庭一无所有，更不用谈什么“三十而立”了。每每想起这些，心绪便烦乱不堪。

有一天，T独自一人待在家里，窗外下起了瓢泼大雨。突然，门外传来“哐啷”一声巨响。T打开门一看，原来是一名推销工由于路滑摔倒在地，车后筐里的工艺品掉了一地，他正手忙脚乱地收拾着地上的狼藉。看T打开门，他忙拍了拍身上的污泥，尴尬地笑了笑。

T上前帮他把车子扶起，推到过道里，并请他进屋躲雨。开始他执意不肯进屋，后来在T的再三坚持下，他才脱下湿淋淋的鞋袜，并且赤脚在铺满灰尘的地垫上把雨水蹭干，小心翼翼地走进屋里。

进屋寒暄了一会儿，在T转身为他取毛巾的时候，他从口袋里掏出一个小头饰，问是否需要买一些。T悄悄地打量着他，他一头短发，穿着深蓝色的制服，手上拿着一个小头饰，这让T有所疑惑。也许是T一直打量着他的缘故，他突然很尴尬地扬了扬手中的头饰，说：“别误会，这是庇护工场里的次货，我打算拿它们卖点小钱，回头给大家买点吃的。”

T踮起脚看了看他自行车后筐，有满满一箱小头饰，虽然看上去设计略显幼稚，不如市面上常见的头饰，但不知道为何竟给

T 一种真挚而朴实的感觉。

他笑道："刚开始来这里工作的时候，没有人瞧得起一个外地来又没有文化的人，想工作时总是被排斥，闹心得很。后来有一次，我帮助一名迷路的智障患者回家，我的心里竟有了莫大的满足感。自那天起，我开始给庇护工场卖次货，也组织了不少关爱精神障碍患者的活动。虽然收入少了，但是我不会再为了工作感到烦心，因为我从大家的笑容中找到了我的价值。"

听了他的话，T 的脑海中突然浮现了这些年在城里的一幕幕往事。其中最让她感到骄傲的并不是那些业绩过人或是升迁的时刻，而是在一次次帮助了他人以后获得的成就感以及自我价值的实现。

一时之间，T 顿觉醍醐灌顶，所谓自己的价值并不是拥有物质的多少，而是自己能为他人带来怎样的帮助与付出。要体会自己的价值，最好的途径就是倾己所有地为身边的人付出赤子之心，而这本就是我们来到这个世界的时候就已经学会的事情，只是在物质的蒙蔽下逐渐退化了而已。

闲聊片刻，窗外的雨渐渐停了下来，他也向 T 告辞。看着他渐渐远去的背影，一股暖意涌上 T 的心头，这不光是为他感到骄傲，而且也为自己的未来找到了方向与价值。

有的人喜欢将一个人的价值视为他所拥有的物质多少，殊不知一个人的价值除了物质之外，还包含他对身边人的奉献以及对他人带来的精神支持。因此，将价值当作物质的人是不成熟的，他们把物质当作生活的全部，穷极一生都只是围绕着物质不断奔跑；同时，他们也是可悲的，因为从来没有感受过为他人付出时所收获的满足。

一个人真正的价值在于他对社会的付出，在于他对身边人的奉献。我们每一个人都不仅是为了自己而活，那些赠人玫瑰的瞬间，便是我们最大的价值体现。

02

在春节期间，有一首名为《苔》的小诗刷遍朋友圈。这首由清代文人袁枚所创作的小诗在 300 多年后重新在乌蒙山被唤醒，并由山里的乡村老师梁俊和孩子们以最朴素的天籁传遍中国。

2013 年，梁俊与妻子新婚一周后，决定来一场别开生面的蜜月之旅，于是他们来到了贵州乌蒙山区支教。在没去乌蒙山之前，梁俊根本没有想过他们支教的地方竟如此贫穷：一望无际的黄泥以及枯黄的草地，偶有三五间青砖砌成的房屋，当地资源紧缺，天冷只能烤柴火，夏天则必须忍耐跳蚤的叮咬，而且水资源非常缺乏，洗澡成了当地人最渴望的奢侈行为。

在恶劣的环境下，曾经也是从大山走出来的梁俊深有感触，他知道这些孩子中的大多数在长大以后需要面对什么，他希望能够以自己的力量为孩子们创造一些价值，让他们在面对生活的残酷时能够与其对抗。于是，作为吉他老师的梁俊将目光放在了古诗上。两年来，他为数百首古诗谱了曲子，并手把手地教每一个学生吟唱。上课时唱，下课时也唱；清晨唱，日落也唱；一群人唱，一个人也唱。当中就包括了这首《苔》。

“白日不到处，青春恰自来，苔花如米小，也学牡丹开。”哪怕阳光无法把我照亮，我依然能够享受青春；哪怕渺小如我，也依然能够如牡丹一般绽放。当孩子们质朴无华的声音响起时，整个世界不再浮躁，淳朴的感动让每一个人都深深动容。

“我们即使拥有的不是最多，但依然可以像牡丹花一样绽放，我们不要小看了自己。”梁俊老师在这群质朴无华的孩子中找到了自己的价值，同时也让每个孩子从诗歌中找到了生活的希望。梁俊老师用这首《苔》告诉每个孩子：无论现在身在何地，将来身在何处，每个生命都有自己的价值。

也许，在日后孩子们依然会面对生活的磨难，但无论怎样，他们始终会记得童年的那一刻，在古诗词的世界里走出大山的那一刻，在生活中发现了无穷诗意的那一刻，站在中央电视台的舞台上捍卫生命价值的那一刻。那一刻的光芒，足以让他们有足够的力量去抵抗现实的黑暗。

这就是梁俊老师在孩子们身上所创造的价值，他用实际行动告诉每一个人，哪怕不是最优秀的，哪怕不是最聪明的，但是只要我们内心存有一丝奉献的爱，就能够把他人的世界照亮，那么我们的人生就拥有了价值。

03

一个人的价值从来不在于出身，也不在于身份，也许你在社会上只是一个不起眼的小透明，然而在家中你却是父母的心头肉，是家庭的顶梁柱，是朋友的开心果。这就是一个人与生俱来的价值。

当你迷茫的时候，不妨想一下身边需要帮助的人，他们会因你的迷茫而感到无助；当你受尽冷眼时，不妨想一下你曾经在脑海中构建过无数次的美好未来，未来会因为你的消极而变得苍白；当你万念俱灰的时候，不妨想一下那些因你而来的微笑，因为这就是你独特而善良的价值存在。

每个人来到世界上都有着属于自己的价值，它使我们能够在他人的目光下骄傲地挺胸。如果如今的你依然没有寻得自己的价值，请不要气馁，这个世界总有一些人的人生是因为你的存在而充满了希望。我们每个人生来就有无可替代的价值，让我们带着生命给予的骄傲，昂首走向更加遥远的未来。

别抱太多期望，你必须学会独自面对

漫漫人生路上，我们总会遇到太多不如意的事，在不如意的时候，你会选择在午夜中如同小兽般独自舔舐伤口，还是找到身边三五知己倾诉不安？相信大多数读者都会选择后者。然而在此我要说的是，倾诉可以但别抱太多的期望，毕竟在这个世界上，每个人都是独立的个体，人与人之间并不存在真正的感同身受。

01

前阵子我的闺蜜与男友分手了，7 年的爱情长跑终究敌不过现实的残酷。在前男友劈腿后的几天里，闺蜜找遍了身边的好友，向他们大吐苦水，倾诉失恋之痛。一开始，大家都还好言相劝，时间长了，大家看她只顾着沉浸在失恋的阴影下自怨自艾，不愿走出悲痛，大家也就开始对她疏远了。

看大家都纷纷疏远，闺蜜也就消停了一阵子。然而，在某次我们大学舍友聚会上，闺蜜在大家情绪正嗨的时候再次说起了这事，而内容则依然离不开她前男友对她有多好、前男友离开后她如何伤心。

一位性格比较暴躁的舍友看她说得声泪俱下，不由得拍案怒道："哎呀，你就别再说你那个什么前男友了，都过去几个月了，你不烦我们也听得闷了。"

闺蜜顿了顿，随即叹了口气道："你不知道他当时对我有多好，我实在想不明白，我究竟哪差了？"

舍友看她不依不饶，说："是啊，我们不知道，那你怎么还老跟我们说这事呢，你自己回家慢慢哭个够就好了。"

话音刚落，仿佛四周的空气都安静了下来。闺蜜看了我们一眼，随后竟独自趴在桌子上啜泣了起来。

我上前拍了拍闺蜜的肩膀，说："其实她也是关心你，毕竟你一直沉浸在忧伤里对自己不好。"

"你们根本就没心安慰我，我一心想找你们倾诉，没想到你们根本没听进去。"

"不是我们没听进去，是我们根本就不懂。感情是两个人最私密的情愫，他在我们心中远不及在你心中重要，所以我们根本不懂你心里的苦。"我说。闺蜜叹了口气，随后挤出一丝笑容，说：“我明白了，有些事情必须自己去面对，谢谢你们那么久一直在听我抱怨。”

看着闺蜜开始尝试着内化负面情绪，我们一众舍友都不禁笑了起来。

很多时候我们找朋友诉苦，看到朋友对我们好言安慰便以为朋友与自己感同身受，然后变本加厉地对其大吐苦水，最终不仅心情没有变好，甚至连朋友也会觉得不耐烦。其实，他们只是能够理解你的悲伤，对你的遭遇深表同情，所以愿意听你诉苦，但并不代表他们能够分担你的悲伤，毕竟，谁也不存在感同身受一说。

02

早几年舅母去世，表哥在安置好舅母的后事之后便一直宅在家中，不肯外出见人。

这也难怪，表哥自小就在单亲家庭中长大，舅母是他唯一的亲人，也是他的精神支柱。表哥一家一直以来的经济状况都不太好，整个家庭的所有收入都源自舅母家里的几亩薄田，生活的压力使舅母 40 多岁就白了双鬓、弯了腰。前几年，表哥高中毕业后不愿继续上大学，只想到广州闯荡一番。舅母在多次劝说无用后也只能默默支持，将家里的所有积蓄交到了表哥手中。

不知是积劳成疾还是长期营养不良，在表哥离开家 3 个月后的一天，舅母在家中晕厥，由于无人得知，没能得到及时治疗，最终与世长辞。

看他一直沉浸在丧母之痛中，我们一众亲戚虽然想要帮助他走出阴影却又无计可施。后来，伯娘组织我们一同前去探望表哥，说是探望，主要还是在于开解。一开始，表哥脸上虽然依旧有着挥散不去的忧伤，但看我们前来，亦开始懂得笑脸迎人。

只是伯娘为了开解表哥，说：“其实发生这种事情谁都不想，不过你也不用那么悲伤了，当年我母亲去世的时候我也只是悲伤了一会儿就恢复过来了，你长大了就应该懂得……”

话音未落，表哥原本微笑着的脸一下子变得苍白，随后竟大发雷霆：“你根本不懂，算了，我不跟你说了！”说罢，表哥就径自走进房间，不再理会我们。

伯娘的母亲是寿终正寝的，其悲伤程度自然无法与表哥相比。在现实生活中，每个人都有不同的遭遇，对于同一个人、同一种事物，每个人都有不同的主观感情，因此，在我们尝试着以感同身受的方法去安慰他人的时候，往往会适得其反。

在生活中，我们都遇到过各种各样的苦恼，当我们找朋友倾诉时，朋友会告诉我们：“这算什么，更严重的错误我都犯过。”然而当朋友说起他的往事时，我们也无法理解，因为每个人的经历不同，而且每个人只会对自身的遭遇印象深刻，所以无论你如何想要代入角色去安慰他人，最终也无法做到感同身受。

03

作家独木舟在《深海里的星星》中写道：“世界上其实根本没有感同身受这回事，针不刺到别人身上，他们就不知道有多痛。”所谓的感同身受只不过是思维上的靠近，并非真正意义上的。

我们总想着在遭遇困难、面对苦痛的时候能够找到朋友一同分担，却不知道自己身上的伤口只能自愈，朋友在自愈的过程中只能起到消炎的作用。无论朋友如何理解与安慰，那创伤依然刺激着你的神经，侵蚀着你的精力。

在你事业失意的时候，朋友的一句“我懂”无法让你解决面前的困难；在你恋情告急的时候，朋友的一句“会过去的”也无法让失去的伴侣重新回到你的身边。在你身处冰窖之时，阳光虽暖但亦无法融化身边的寒冰，你必须学会独自爬出冰窖，才能感受到温暖。

能有三五知己倾诉虽好，但我们不应对此抱有太大的期望，毕竟世界上根本不存在感同身受，所有的问题都只能由你独自面对。

交浅不言深，话说多了是非多

01

前段时间部门调岗来了一个新的用户运营，人送外号“八妹”。初次见面感觉她活泼开朗，在她跟部门每个人问好后，大家对她的印象都不错。在此之前，公司还传言她是由于跟前部门同事的关系不好，才主动申请调岗的，如今看来这实属谣言。

然而，在接下来的一个月里，同事们开始感受到八妹的“威力”所在。八妹平日看似勤恳工作，而且还乐于参加团队建设，属于职场上最吃得开的那种类型，然而在背地里，八妹却仿佛变了一个人似的，尤其喜欢跟人“促膝长谈”。每每跟她单独共事的时候，她总会跟你深入探讨一些人生理想等大事，而且还附带着各种令人尴尬的提问，难怪大家会赐予她“八妹”的称号。

有一次，我跟她一起出差会客，途中她不断讲述着自己的理想与家庭，说怀揣着幼教梦的她被家里人强迫读了工商管理专业，后来不得不从事运营工作。后来，她看我敷衍应答反而变本加厉，说起了自己的择偶观与价值观，说什么样的男生得她欢心，什么样的男生最讨厌之类的。

在她多番轰炸下，我不得不弃械投降，主动跟她说起当时的热播电视剧《欢乐颂》。话刚出口，八妹就说起了她对电视剧的看法，从安迪到小包总都一一评论了一番，最后大概说累了，才想起跟我交流一事，结果出现了以下的聊天。

“对了，你觉得你以后的人生会不会也像安迪一样变成一个超级女强人呐?”八妹双手托腮，一双眼睛闪烁着光芒。

“我想不会吧，我哪有那个本事。”我苦笑。

“也对，但是女人总得有点钱花才行，不能全靠男人，对了，你现在有多少存款呀？透露一下，好让我学习学习。”

“我啊，哪有什么存款，都是月光。”我忍。

“我说姐，你都老大不小了，存点钱当嫁妆吧。不对，也许你家里不缺这点钱，你家里人究竟是干哪一行的啊?”

看她问得如此咄咄逼人，我干脆回答了一句：“父母都是退休工人。”随后立即拿出耳机播放音乐，闭目养神。

回到公司后，偶然听到隔壁桌阿月在抱怨八妹。这不说不知道，一说起来大家都对此怨声连连，有人说八妹问她丈夫的身高体重，惹得同事无比尴尬。

不得不说的是，在职场上这类型的人最让人讨厌，明明彼此的交情没有那么深厚，却时常装作与大家深交多年的样子，不仅将自己的身世心事和盘托出，还故作老友地询问他人的隐私问题。若是不想回答还显得自己不谙世事，毕竟人家对你和盘托出，而你却高冷如冰。

所谓“交浅不言深”，过于隐私的问题不仅难以拉近彼此的距离，还会让大家对你心生厌恶，继而逐渐疏远。大家只是普通的同事关系，彼此的友谊建立在工作之上，而这些隐私问题不仅打破了同事关系的底线，同时也让对方身处进退两难之地。

何以你违规在先，却显得我不近人情？对不起，我只是一个凡夫俗子，我承受不了不明所以的旁人目光，因此，我只能远离你。

02

记得《增广贤文》中有一句话：“逢人且说三分话，未可全抛一片心。”当时看来，这根本就是中国版的厚黑学。然而，进入社会以后再看这句话，其实“说三分话”并非什么奸诈之术，而是人与人交流的建议忠言。

我有一位大学同学叫阿欣，她性格直爽，属于心直口快型的小姑娘，虽然跟她交流可以使你放下顾虑，但并不舒适。

记得刚入学的时候，几位舍友刚认识，大家都有讲不完的话，因此宿舍夜谈会是当时关灯后的必备环节。大学生活对于我们这些大一新生而言实在新鲜，因此每天晚上我们都会聊各种各样的话题，从班里的男生到系里的主任无一不谈。

夜谈会上最活跃的莫过于阿欣，无论说起什么她都会发表一通评论，偶尔还能说出各种各样的野史谣言。某次夜谈会说起隔壁班的某男生时，阿欣立马来了精神，因为这个男生是她的高中同学。她抓住机会对这个男生的私生活评头论足，说他高三的时候曾经交过 3 个女朋友，他在课堂上睡觉打呼噜，连他妈妈开完家长会后把他骂得狗血淋头的事都挖出来说。

她说着说着大家都安静了下来，因为就在刚才阿欣洗澡的时候，宿舍里的小 C 宣布自己跟那个男生确定了情侣关系。后来，小 C 跟阿欣的关系算是凉了，但阿欣却依然蒙在鼓里，只当作小 C 高冷。

一开始，我们只当阿欣为人耿直，但后来我们发现并没有那么简单。临近毕业的时候，宿舍几个好友一时兴起拍了一系列搞怪视频，以作各奔东西后的怀念。恰好当日阿欣请假回家，没有参加当日的视频拍摄，我们把视频发给阿欣，好让她也一同开心。

没想到，第二天我们一行人走到教室的时候，那段视频已经在班级里被疯传了起来，尴尬的我们当时恨不得找个地洞钻下去。后来我们暗中调查，发现竟然是阿欣当晚私下将我们的视频发给了班里的一个男生，为此舍长回宿舍后对阿欣大发雷霆。

“你骂我也没用，又不是我把视频传到班里的。我已经叫他不要乱传了，谁知道他人品这么差。”阿欣却一脸无辜。

“你跟他很熟对吧，非要出卖舍友去攀什么关系，真不知道你安的什么心。”舍长说罢，阿欣有口难言。

有时候，别人对你诉说自己的隐私是对你身份的认可，因为承认你是可靠的人，所以才安心与你分享最真实的自己，而你却将这些当作是自己交际的资本，不光四处传播，甚至还将它当成拉拢关系的工具，如此做法实在是让人心寒。

在网络上，有人对这种现象进行分析，说这种“交浅言深”的现象主要是因为当事人在人际交往中缺乏自信而出现社交焦虑，从而导致有意识地做出过激反应去平衡两人的关系。

其实不难理解，当我们与上司或是比我们辈分高的前辈交流时，总是希望说出点什么他们不知道的事情去平衡两人之间的差距；或者我们跟陌生人交流时，为了避免沉默，我们很可能会说一些热门的娱乐新闻来缓解气氛。

社交焦虑人人都有，想方设法对此进行缓解亦无可厚非。然而，当你的言行已经侵犯到他人的隐私或是触碰到他人的底线时，难道心里没有响起警钟阻止你的不当行为吗？当你想到朋友很可能因为你逞一时之快而尴尬无比时，你的良心不会痛吗？

现在想来，“话多是非多”这样的老话并不是毫无道理。

03

聊天是一门技巧性极强的学问，并不是滔滔不绝的人就懂得聊天。那些“交浅言深”的人说到底就是没有聊天的本领，所以才会频繁笨拙地越过他人的底线。

真正会聊天的人并不会口无遮拦四处招惹是非，也不会四处打听他人的隐私，而是在交流中互相交换价值，促进双方成长。

我身边就有一个朋友超级会聊天，虽然他身边高朋满座，但他却是一个200%的宅男。他好读书，涉猎极广，所以每次跟他聊天都会有意想不到的收获，大家也非常喜欢甚至非常渴望与他倾谈。

当你跟他说起最近上映的电影时，上至电影拍摄手法、故事伏线设计，下至主演成长历程、演员阵容搭配都能成为他的谈资；当你说起近日流行的服饰时，他会根据你的个人情况进行搭配并且分析潮流趋势走向。哪怕是你说起了他所不熟悉的话题，他也会悉心听取你的见解，并加以吸收。

不知道大家发现没有，真正会聊天的人从来不会“交浅言深”，甚至从来不注重对某个人的主观见解，毕竟“腹有诗书”的他们脑子里已经有说之不尽的干货，所以从来不需要对他人评头论足，更不会对其隐私进行传播。反而是那些胸无点墨的人，才会在沟通中黔驴技穷，不得不依赖出卖他人的隐私以作谈资。

说到底，那些总是喜欢“抛尽一片心”的人不是自私，也不是耿直，而是矫情，而且这种矫情是会殃及池鱼的。当我们遇到那些“交浅言深”的人时，不妨给予他一个同情的眼神，然后果断地回应：“别向我展示你的矫情，这是会传染的。”

懂得“有差别地对待”，你就不会太累

我们当中有很多人对于“一视同仁”的热爱是无缘由的，希望别人能够对自己一视同仁，也时刻提醒自己要对身边人一视同仁。然而，现实往往事与愿违，每个人都有着自己的个性与优势，若是我们一味盲目地一视同仁，到头来苦的还是自己。

01

上周家庭聚会，一向活泼的小表妹一反常态，吃饭的时候一直愁眉苦脸，不时微微叹气，大家虽然都看在眼里却不忍破坏气氛，只得故作视而不见。待酒足饭饱，长辈们聊得兴起时，我找到一角的表妹聊天，这才得知表妹忧心忡忡的原因。

原来，表妹在工作上遇到了麻烦，此时她正为了明天上班而烦恼着。表妹毕业后在家人的推荐下到街道办工作，前阵子街道办为了落实线上居民管理政策，让工作人员将新开发的 App（应用程序）在社区、义工联等基层组织中普及。表妹为了省事，于是将所有的社区主任、义工联部门主任一同叫到会议室，统一落实普及工作。

问题就在这里出现了，在表妹讲解完 App 的基本使用方法以及上级要求的任务之后，看大家都表示明白，于是就让他们回到工作岗位。然而表妹还没喘口气，10 多个社区的主任便给表妹致电，对 App 的使用方法一再询问。

当时表妹就纳闷了，在会上大家都说明白了，可后来基本每个社区主任都前来问一遍，表妹不得不重新对他们逐一讲解。但是当面都无法讲明白的事情又怎么能通过电话说清呢？于是，表妹不得不约定周一亲自前往部分社区做操作示范。

“那是你的不对了，社区里的居民都是年纪相对较大的，他们对于网络工具自然不是那么熟悉。”我拍了拍表妹的肩膀，说。

“那他们应该当时就提出啊，害我白干那么多活，还被领导教训了一顿。”表妹一脸委屈。

“你想想啊，身边的年轻人都弄明白了，那些老一辈的怎么好意思说自己没听懂，这不耽误人家年轻人的时间吗？他们也只好私下再问你了。”我说，“其实啊，你这人就是太一视同仁了，你应该有区别地对待他们，把精力都放在社区主任的培训上，而不是将他们都放在一起。”

在我们的生活中，每个人都有自己的优势与个性，尤其是职场这种以结果为导向的场合，效率才是大家最关注的因素。然而，大多数人在跟不同的人进行交流的时候，经常忽略了人与人之间认知能力的高低有别，选择以单一的方式去对待不同的人，从而造成相对聪明的人嫌你烦，没那么聪明的人听不懂的情况出现，导致结果差强人意，使我们不得不重新调整，吃力而不讨好。

像小表妹的这种情况便是如此，由于不同部门的人年龄差距较大，老一辈社区主任的认知能力自然没有年轻一辈的好。在同样的指导下，大家的认知出现了差距，甚至对于一些认知能力低的人而言，参加这次指导会议根本就是浪费时间，最后还需要小表妹亲自去一趟一对一指导，到头来苦的还不是小表妹吗？

因此，无论在任何场合，有区别地对待不同的人，让他们在你不同的引导下发挥自己最大的作用，这才是工作最好的打开方式。

02

前阵子，有一个闺蜜找我诉苦，说是家里的两个孩子老是让她抓狂，她的生活早已变得满地鸡毛。

自从闺蜜生了一对双胞胎以后，当年开朗乐观的小姑娘一下子变成了油头满面的怨妇。早在怀孕的时候，闺蜜就辞去了工作，安心在家养胎。生完孩子以后，闺蜜更是成了全职妈妈，生活围绕着两个孩子转个不停。虽然他们同为双胞胎，但是两人的性格差异却随着年龄的增长而越发明显。

哥哥随闺蜜一样活泼好动，而且越长大越调皮，能在闺蜜转过头的一瞬间将家里弄得乱七八糟，属于爱破坏的熊孩子；而弟弟的性格则完全与哥哥相反，他平静内向，喜欢蹲在角落里静静地翻阅绘本，不善言辞但心里感情丰富。这一对活宝让闺蜜从此走上了三天一小怒、五天一崩溃的养儿之路。

有一次，闺蜜把两个活宝留在客厅，自己跑到厨房去张罗晚餐。当她好不容易准备好晚餐以后走出客厅一看，那小小 50 平方米哪里还有家的样子，满地的餐巾纸屑与杂物，桌上的盆栽早已光秃秃一片，就连她刚买的水果也被扔得满地都是，部分更是成了果酱……

闺蜜一看这情景立马怒不可遏，叫来两个孩子，对他们一顿责骂。然而接下来发生的事情让闺蜜一度昏厥：哥哥在被责骂后大为不满，转身坐在沙发上一副“随便你”的表情，而弟弟则在一旁哭个不停，恍如受了天大的委屈。

当我听到闺蜜说起这事时，仿佛看到了她当时狼狈的样子，我问她：“平时你除了责骂孩子，还有别的处理方法吗？”

“没有，我极少打他们，毕竟都是自己的孩子。”闺蜜说。

“其实，面对这种情况，我觉得分开处理会比较好。”我说，“哥哥既然属于冒险型的孩子，那么就应该跟他约法三章，并制定奖罚措施，慢慢让他知道遵守规矩的好处。弟弟既然属于内向型的，那么你应该多鼓励他，引导他主动说出自己的想法，而不是什么都憋在心里。”

听我说起这话，闺蜜张大了嘴，良久方才回过神来，竖起大拇指，说：“你居然连这个都懂，老实说，你说起这话来真像一个经验丰富的老母亲。”

很多时候，所谓的冲突就是由于我们不愿意对身边人做出有差别的调整，以自己单一的价值观去与身边每一个人交流，在收获了部分人好感的同时也会使一些人感到厌烦。通俗点说，有的人喜欢跟那些斯文温和的人交流，感觉两人交流起来比较舒服，而有的急性子却忍受不了这种性格，从而会在他人的温和下感到无比急躁。

像闺蜜这样面对两个性格相反的孩子，如果以一种高高在上的姿态去责备的话，不仅会引起哥哥的反感，还会伤害到弟弟敏感的心灵，最后造成的后果是两个孩子的性格都往更极端的方向发展。

小草之所以能够坚忍顽强，完全在于它能在狂风下弯曲身体，也能够在阳光下挺直身躯；海水无形却能够载舟，利万物而不争。我们在日常生活中亦应以不同的姿态去对待每一个人，不可千篇一律，懂得差别对待会让你事半功倍。

03

曾经在网上看过一个故事：在很久以前，弥勒佛与韦陀由于掌管着不同的职能，因此两者是分开供奉的。弥勒佛由于笑脸迎人，看上去随和好客，天下人都喜欢供奉弥勒佛，多年来弥勒佛庙一直香火旺盛。但弥勒佛不善理财，因此无论有多少供奉都被他花个精光，总是落得一个入不敷出的境地。韦陀虽然善于理财，但由于他面容凶狠，大家都不喜欢到韦陀庙里供奉，久而久之韦陀庙香火断绝。佛祖在巡查天下香火的时候发现了这个问题，于是心生一计，将他们放在一个庙里。于是，弥勒佛负责迎客公关，笑迎天下善人，而韦陀则负责管理财账及惩戒恶人。从此，在每一个庙里，两人总是形影不离，为的就是能够有差别地对待不同的香火客。

在我们身边有着各式各样的人，正是那多种价值观形成了这个丰富多彩的世界。但是，面对多样的人生，我们若想以同样的姿态去面对，就难免会在过程中出现问题。

面对性格暴躁的人，我们不妨稍稍放低身段，让他在满足虚荣心的同时与你交心；面对内向的伙伴时，我们可以适当加以引导，成为他丰富内心的倾听者；面对上司的时候，学会谦卑，从他身上学习更多的专业知识；面对下属的时候，懂得感恩，让每一个员工都能为你卖命。

我们需要以不同的态度去对待不同的人和事，学会改变对每个人的态度，让他们能通过与你的交流找到自己的价值，这才是一个进入社会的成年人应有的状态。一味地对每个人都采取同样的态度，非但得不到人们的赞许，到头来吃力不讨好，累的还不是自己吗？

时间宝贵，把无聊的人请出你的生命

01

最近，舍友美研的手机总是响个不停，以至于她一听到手机微信响便感到恐慌。一开始我以为是哪位小年轻看上了美研，展开了猛烈的攻势，后来我才发现老给她发信息的人是个女的。

据美研所说，给她不断发信息的是公司新来的同事。一开始时看她一副人畜无害、活泼开朗的样子，美研对她挺有好感，没想到熟络了之后，这位同事却事无大小都跟美研说一遍，哪怕是早饭吃了什么、下班走了多久回家之类的都成了她们的聊天内容，而美研只能有一句没一句地把时间都花在回复她这件事上。

这事我实在为美研感到无奈。本来美研好不容易才下定决心要考研，然而买来了复习资料没几天，便开始忙于应付这位新同事。一开始美研觉得作为老员工应该多跟新同事联络感情，便有一句没一句地跟她搭起话来，但久而久之，美研竟成了那位同事不可或缺的树洞加知心姐姐，考研复习一事自然也不得不暂停。

后来，这位同事变本加厉，哪怕美研在单位加班或是埋头工作的时候，她也熟视无睹地找美研聊天，跟她分享生活中的一切。美研为这件事抓狂不已，好几个晚上同事来电的时候都让我接电话，假装自己出门忘了带手机。

直到有一次，美研正在房间复习，突然听她怪叫一声，随后哭丧着脸走出客厅，把手机递给我，说："跟她说我不在。"

我皱了皱眉，说："可是你这周已经第 4 次没带手机了呀。"

"那有什么办法，万一我接通了起码要聊上半个小时。"美研有点沮丧。

"当然有办法。"我夺过美研手中的电话，接通后直接说，"请你以后没什么事别再打电话过来了好吗？美研没有你那么无聊。谢谢！再见！"当我挂掉电话的时候，美研一脸惊呆，良久才回过神来露出失落的神情。

"你怎么这样啊，我明天怎么面对她？"美研抱怨。

"那又怎样，管她呢，该怎么上班就怎么上班，快快快，学习去。"

"可是……"

“哪有那么多可是啊，要是你今天跟她说清楚了，以后她都不烦你，你可以专心准备考研；如果你不说，人家还以为你乐于给她当知心姐姐呢，那岂不是永无宁日？”我说，“把时间交还给自己，把无聊的人请出去吧。”

在面对一些无聊之人的时候，我们的态度就应当强硬一些。在他人已经影响到自己的正常生活时，若是放任不理的话，那么吃亏的还是自己。尤其是如今的社会上，每个人的价值观都有所不同，有的人目光长远，宁愿牺牲交际的时间提升自我，将目标建立在未来；有的人喜欢活在当下，与三五知己侃侃大山，聊聊吃喝玩乐，而这两种价值观的人都将对方看作“无聊”。

重要的是，前者有坚定的目标，因此能够忍受无趣的生活，而后者则是真的无聊，无事可干，所以经常在网络上撩这个喷那个。很多人碍于面子，对那些无聊透顶的人百般忍让，反而正中其下怀。

因此，为了你日后的事业与目标，请将那些道不同的无聊之人请出生命之外，别让应该选择努力的你甘于侃大山度日。

02

我突然想起去日本旅游的时候，在旅游车上发生过的事。当时我跟团到日本旅游，旅游车上，导游一再强调樱花的观赏时间上午最佳，因此要求我们次日早上 8 点全部必须到车上集合。

可是到了第二天，准时前来的人少之又少，直到 8 点 30 分左右大家才稀稀疏疏地上车。其中有一对日本的母子上车后并没有立即就座，母亲拍了拍儿子的头，仿佛在为他鼓励说些什么。后来，那个孩子仿佛下定了决心，随后走到司机座，朝大家鞠了一躬，说："对不起，由于我早上只顾着看动画，导致我们上车晚了 10 多分钟，我在这里向大家道歉。"

孩子的话让所有人都不禁鼓起掌来，年纪轻轻就有这样的勇气公然承认错误。当然也有人觉得这位母亲有点小题大做，不过是迟到 10 多分钟而已，何必要让小孩在这么多人面前道歉。

恰好，这对母子坐在我旁边的座位上，我隔着过道向那位母亲打了个招呼，随后说："其实你们也不是最晚来的，大可不必……"

话音未落，那位母亲抚了抚孩子的头，说："我已经多次提醒他今天不能迟到，可是他收拾东西时却心不在焉地在看动画，所以才迟到了 10 多分钟。这次我让他在大家面前道歉，无非是让他明白不要让无聊的东西扰乱了自己的计划。"

"小孩子就是喜欢动画……"我看她一脸严肃，连忙转移话题。

"那可不是，如果连这些诱惑都抵挡不了，以后他怎么应付那些无关紧要的人和事？"

听了这位母亲的话，虽然我感觉她有些小题大做，但同时也不禁感慨其家教的确严格。在我身边的人包括我自己都没有这样的意识，当一些无关紧要的约会及交谈影响到自己的生活规律时，一开始大多都选择容忍的态度，哪怕牺牲自己的私人时间也愿意参与其中，虽然明知道那是一场低质量的交流。

很多人刻意忍受着与身边人的无聊交际，还误以为那便是社会上常见的人际交流，将自己置身在应酬的位置，小心翼翼地委屈着自己去维护这段若有若无的关系。殊不知，就是那一场又一场低质量的无聊交际使我们不仅荒废了时间，而且降低了生活质量。

03

人生虽短，亦可创下一番作为；百年虽长，但难敌光阴耗费。每个人的时间都是有限的，在这有限的时间里，生活中的种种美好足以让我们不断进取观赏，何必在那些无聊的人身上逗留一分一秒？

据统计，在人的短短一生当中会遇到 2920 万人，但并不是每个人都能成为朋友，更不是每个人都适合成为朋友。与一些价值观与我们不相符的人交际是对生活的消磨，每一次与那些无聊的人结伴，不正是对生活的妥协吗？

很多人歌颂生命中的少年心气，因为那时候的我们敢爱敢恨，遇到喜欢的就勇敢去追，不喜欢的就唾弃一旁，从来不怕因为什么人际关系而乱了自己前进的步伐。为何长大以后却如此畏首畏尾，对身边的人总是小心翼翼？

我们不妨回忆一下，这些年来自己是否也曾为了兼顾身边无聊的交情而忽视了成长？是否也曾因为照顾那些若隐若现的所谓人际关系而牺牲了自己独处的时间？那些我们曾经认为是委屈自己而参与的交际与应酬到最后变成了什么样？到头来，我们不过是徒增了一份追悔与青春不再的无奈。

让你抓狂不已的无聊之人只会放慢你前进的脚步，也许把更多的精力、更多的时间花在值得投身的领域上，把精力投放在更优秀的人身上，你的生活会变得更加简单和美好。独特而奋进的你不应该再被那些可有可无的交际所捆绑，将那些无聊的人请出去，也许你会看到另一个全新的世界。

第四部分
看清自己，比看清未来更重要

工作时全力以赴，闲暇时纵情忘我

前几天下午，我发了一个在公园晒太阳的朋友圈，没想到一时之间竟然引来了一顿狂喷。有的人说我不务正业，大好天气不好好工作；有的人则表示羡慕，询问如何才能逃离朝九晚五的工作。其实我早在上午就完成了所有工作，加上公司弹性的上班制度让我能够好好享受阳光，可是无论我解释多少遍总有人在喷，别无他法的我只能视而不见。从小我们就知道劳逸结合这个道理，然而长大以后却一直疲于奔命，伸个懒腰都仿佛成了罪恶，其实正是这种焦虑使他们的工作效率逐渐低下。

01

一次我到北京旅游，住在一个正在北漂的表姐家里。作为一名多年北漂老字号，表姐凭借着深厚的英语翻译能力进入一家外企，并成为部门主管。她在北京买了一间两室一厅的小屋，所以我提前找到表姐，先把住宿问题给解决了。

我下飞机的时候恰好下午 3 点，我给表姐打电话，没想到表姐早已派了司机到机场接机。我找到表姐说的车牌号码，司机跟我确认过身份以后，将我领到了表姐所在的公司。

刚走进表姐的办公室，办公室里的各种凌乱让我吓了一跳。里面的员工要么埋头屏幕前，手指飞速敲打键盘；要么捧着文件疾若流星地走着；而在家里活泼可爱的表姐此时却化身职场女魔头，正在一名员工旁指导工作。

看我来了，表姐指了指一旁的沙发，随后便不再理会我。我唯有静静地坐在沙发上，感叹首都的生活节奏竟如此快。玩了会儿手机，看着头顶上的钟指向 6 点，心想快到下班时间了，可看着他们一直忙个不停，我觉得表姐今天估计得加班度过，于是打开预先下载好的电影，边看边等。

然而，过了几分钟，表姐拍了拍我的肩膀，我抬头一看，几分钟前还熙熙攘攘的办公室此时就只剩下两三名员工。一看这阵势，我顿时懵了，说：“刚才你们不是挺忙的吗？人怎么突然不见了。”

“这不下班了吗？走，姐带你去吃烤鸭。”表姐说罢，自顾自地走出门，我连忙跟上，说：“不对啊，看你这阵势难道不是准备加班吗？”

“你傻啊，明明上班时间能够做好的工作，你非得加班？”表姐给了我一个白眼。

“可是，你们刚才不是忙得很吗？”

“对啊，我们忙就是为了不加班，为什么非得加班啊，工作忙一点，然后下班玩得开心点不是更好吗？”表姐说。

后来，表姐告诉我公司明文规定：一般情况下不能加班。我听后顿时不解，一般企业恨不得员工天天加班，为何这家公司那么奇怪，不让员工加班呢？表姐告诉我，公司的文化就在于不占用员工的私人时间，让大家下班的时候能够纵情玩乐，正因为如此，所以大家都愿意在上班时间全力以赴。

表姐的话让我开拓了全新的价值观。在来北京之前，我一直只知道工作时间越久能够完成的工作越多。殊不知，在我追求量变的时候，远在首都的表姐已经在质变的路上飞奔着。

02

小胖是我们公司的加班达人。据说他入职的时候 90 斤，是一名标准的高瘦网红脸；入职两年以后，各种饮食不规律加上熬夜，他的体重直接翻了一番。据他自己所说，自从进入广告行业之后，最大的伤害不是体重问题，而是庞大的工作量已经使他完全没有了私人生活。

说来奇怪，小胖虽然平时工作量大，但也不至于频频加班。后来某日我完成工作后看到小胖仍在加班，出于好奇我悄悄走到小胖背后，发现他名义上在加班，可是他的页面却不停地在工作页面与微信闲聊中切换。

“小胖，怎么还没有回家呀？”听我说话，小胖立马切换到工作页面，随后转身一脸哭丧地说：“我这工作还没完成呢，明天客户就要收试稿了，我这不是还在做文案嘛。”

“那你还聊微信啊，赶紧完成工作回家睡觉吧，都 9 点多了。”

“嘻嘻，姐，这不还早着吗？您先回，我待会完成了工作锁门。”小胖看我拆穿了他装忙的独角戏，连忙赔笑。

至此，我终于明白为什么他能够把 8 小时内足以完成的工作硬生生变成了 16 小时，为什么熬夜的总是他。

然而，熬夜并等于有收获，当小胖把方案交给客户的时候，客户已经等得不耐烦，直接通过了竞争对手的试稿，并完成了交易。而小胖自然又是少不了一顿抱怨。

随着医学不断发展，一些不治之症早已变成痊愈率百分之百的小病，而拖延症却一直伴随着白领人群。在我身边随处可见各种拖延症：明明可以准时完成的工作非得到最后时刻才开始做；明明能够准时吃饭却懒得动手，最后宁愿饿一晚上；明明已经早早起床，却不到最后一刻都不愿上班……

说到底，拖延症就是明明可以完成的事情，却非得到最后一刻方才开始动手。拖延症已经成为大多数都市人的通病。然而，在生活中拖延尚可，大不了少吃一顿饭，少睡一会儿觉，可是在职场上，一刻的拖延所带来的很可能是金钱上的损失。

当你觉得时间尚早的时候，别人已经利用你所拖延的时间拉开了彼此的竞争距离；当你到了最后一刻不得不工作的时候，别人早已完成了工作，开始享受多彩的生活。

03

不知道有多少人是这种状态：全力以赴的心败给了拖延症，对抗拖延症的心败给了意志力。

有人说，我知道自己有严重的拖延症，但是自己的意志力比较差，所以每次都败给拖延症。这时候，我们不妨给自己设定一个期限：例如，在下班前 2 小时把工作完成，让本来毫无压力的工作给你带来一定的压迫感，在压迫感的驱使下哪怕不能准时完成工作，但也可以提高下班前完成任务的概率。在完成自己布置的任务后，不妨给自己一个奖励，比如利用早下班的时间给自己做一道美食，相信不久以后你一定会爱上没有拖延症的日子。

雏鹰从来不曾拖延，因为它知道只有学会飞翔才能翱翔天际；猎豹亦不曾拖沓，因为它知道学会行走才能肆意奔跑。我们也应该做好手头的工作，倾尽全力，然后迎接那段属于自己的空闲时间，塑造全新的自我。

为什么你连早睡早起都做不到

记得以前上学的时候，老师总是告诉我们：一日之计在于晨。可现在这句话仿佛已经成为被大家遗忘的金句。不知道大家有没有这样的经历：好不容易下班了，回家吃饱饭，洗完澡就已经到了八九点，看会儿书、刷会儿微博，一下子时间就过去了，熬夜成了我们每天的习惯。

晚上睡不着，早上起不来成了现代人的通病，很多人更是把熬夜当成了勤奋，当成了炫耀的资本。殊不知，那不过是对身体的不负责，对生活的不甘心罢了。不信咱试试看，你真的能够做到早睡早起吗？

01

前阵子，有个读者找我聊天，恰好当时我正关电脑准备休息，因此我回了他一个信息，告诉他我正准备睡觉。然而，这条信息发出去以后，他竟然像是发现了什么天大的秘密一样，连续刷了好几个表情，说："天啊，你怎么那么早睡觉？干你们码字这一行的，不是都得熬夜吗？"

"谁说码字的就得晚睡，只有新人才会熬夜发圈彰显自己会写作，我们老人家一般很早就睡了。"我回复。

"不对哦，晚上不是更有灵感吗？真羡慕你呀，能睡得那么早。"

"灵感只是新人平时累积不够的借口，何况我今天任务完成了，就该睡了啊。"我揉了揉眼睛，有点困意，"好了，我要睡觉了，明天聊。"

第二天起床的时候，发现这个读者给我发了好几十条信息，一直持续到凌晨2点才停下。我翻聊天记录，发现他说了很多关于他的故事与心情。大概是说他每日沉浸在工作中，好不容易下了班，却被各种琐事缠身，待到停下来以后玩会儿手机就已经是午夜一两点钟，想着明天的工作或是没完成的事情使他饱受失眠之苦，导致第二天昏昏欲睡，工作频频出错，心里更加焦虑。

看完了他的聊天记录，我回了一句：“10 点准时睡觉，所有的问题都会迎刃而解。”

现代人很容易困在这样一个恶性循环之中：晚上不想睡—早上起不来—整天精神萎靡—工作效率低—加班加点工作—工作没完成不想睡。这个恶性循环成了大多数都市人的生活惯性。熬夜、早上起不来仿佛魔爪一般紧紧掐住我们的生活，很多时候并不是我们不想改变，而是那生活惯性使我们根本无从下手。

要打破这种恶性生活惯性，我们就必须付出一定的代价，正如一个人得了病，需要打针一般。

要打破生活惯性，首先要把晚上的事情统统放下。也许这时候正在追一部电视剧，也许说好了要跟朋友来一场游戏，甚至还要利用晚上的时间阅读、学习、看演讲，但无论什么情况，晚饭后的活动统统取消。当我们有了这个意识后，那些追剧、刷朋友圈都成了生活中可有可无的活动。

02

我有一个朋友饱受熬夜的痛苦，每日凌晨 3 点入睡的他在短短一年间成了一个满身赘肉的脱发青年。有一天晚上，他熬夜看完电视剧以后突然后脑勺一阵剧痛，随后摔倒在地。一时间他感觉到自己浑身动弹不得，有一股凉气游遍全身。

幸亏他摔倒的声响惊动了家人，家人及时将他带到医院就医。经检查，他患的是突发性脑出血，长期熬夜使他的血管严重老化，以致 20 来岁的年纪便患上了父辈的病，而他亦因此在床上躺了几个月。

出院以后，他坚决不再熬夜，并让我们一众好友督促他。经历了这场大病，他的生活观早已改变了，每日 10 点准时上床睡觉，早上 6 点起床做操锻炼身体，慢跑、跳绳、游泳等有氧运动每天换着方式做半小时……

如此过了半年以后，他的身体逐渐恢复，并且从当年满身赘肉的胖子变成了阳关帅气的肌肉型男，举手投足间尽是阳刚之气。看到他如此大的改变，我们都表示不敢相信。

后来，有朋友从手机里翻出一个视频，视频中的他满脸横肉，挑眉撇嘴，一脸嘚瑟地说："这辈子都不可能不熬夜，熬夜是对生活基本的尊重，是生命的延长线。"

看到这个视频，我们都笑翻在地。有人向他请教怎样才能不熬夜，他顿了顿，随后笑道："大病一场，然后从鬼门关走回来，这就是立刻做到不熬夜的捷径。"

有时候，你以为熬夜是对自己的生活负责，让无比枯燥的生活在夜空中也能绽放彩虹。然而你不知道的是，熬夜其实是对身体最大的不负责。

03

在公司有一位前辈，他坚持早起已经将近 10 年，平日大家还在床上呼呼大睡的时候，他早已起来为自己和家人做了精美的早餐，开车走在日出照耀的街道上。当所有人都在地铁或路上挤着的时候，他已经在办公室里开始了一天的工作。当我们正精神萎靡埋头工作的时候，他早已坐在办公室里享受香浓的咖啡并开始了一天的休闲时间。

有一次，我跟他走进同一个电梯，恰好前天晚上加班工作，使得那天哈欠连连。看我一脸睡眼惺忪，前辈含笑道："年轻人啊，别睡那么晚，不然第二天没精神。"

"我也愿意早睡早起呀，不过昨天工作实在是太晚了，所以没睡好。"我不好意思地挠了挠头。

"都是借口，这样，我教你一个方法。"前辈拍了拍我的肩膀，说，"你可以早两个小时睡，然后闹钟设定提前两个小时，你会发现早上的工作效率比晚上更高。"

前辈的话让我惊醒，那些我们用来熬夜的借口不是大多都可以在早上完成吗？当我们熬夜完成工作的时候，是否想过可以利用次日早上的时间完成？当我们熬夜刷剧的时候，是否也可以利用早上的时间或是中午的时间？当我们熬夜学习的时候，早上的学习效率不是更高吗？

与其疲倦不堪地熬夜还不如精神爽利地开始新的一天，说到底，所有的熬夜都是不愿意结束当天的借口。

网上有一句话说得十分准确：“其实，大多数人熬夜都是因为不愿意结束那一天。”每当我们想到明天还有无穷尽的烦琐，今天一整天的时光在浑浑噩噩中被消耗，内心的罪恶感以及抗拒感使我们不愿入睡，希望能够通过熬夜而得到一些额外的时光。

然而，生活是如此公平，那些被耗费的时光永远无法重来。我们要做的应该是珍惜未来的时光，而不是选择熬夜。

熬夜从来都不是弥补时光的最好方法，也不是辛勤工作的代价，因为规律的生活是保证每一个人价值输出的最好方法。没有良好的习惯就没有神采飞扬的每一天，所有的梦想与未来都将在每一次熬夜中消磨。不消多久，那些曾经的向往与美好都会沉浸在黑夜之中，成为恶性循环的牺牲品。

早睡早起不是对生活的妥协，而是对未来的期盼。如果连早睡早起都做不到，那么请不要再向往未来的美好。毕竟，连健康都无法保证的人还谈何未来。

不熬夜，才能做“斜杠青年”

当下有个热词叫“斜杠青年”，很多年轻人仿佛在枯燥的生活中看到了曙光，纷纷朝着“斜杠青年”的标签靠拢，于是熬夜便成了大家逐渐不以为然的坏习惯。渐渐地，身体开始变化着：头发一把一把地掉，每日都沉浸在秃头的恐慌之中；整天睡眼惺忪，身体虚弱无力；记忆力也越来越差，好不容易学了一晚上的知识，转过头却一点也记不起来。

原本为了把握时间多元发展才开始熬夜，却成了时光流逝的最大原因。本在 20 岁出头的年纪却活成了 50 岁的模样，还浑然不觉，等到后悔莫及时才发现那些熬过的夜其实都算在我们的身体中，熬夜成了健康的最大的敌人。

01

前阵子，表哥找我借了几本关于公众号运营的书籍，说是想要利用业余时间写作，跟上这波公众号红利期的尾巴。看他信心满满的样子，我自然也不好说什么，只能默默从书柜里抽出几本书让他带走。

当年，表哥由于高考发挥失常，因此没有上本科线的他选择步入社会工作，在某家工厂里头一做就是 10 年时间。近几年，表哥经常跟我抱怨工厂流水线工作枯燥，每天上班就仿佛一台不断重复的机器，不需要思考，也看不到未来。好几次他跟我说想要转行，可是一无技能，二无资源，充其量也只能从这家工厂转到另一家工厂里去。

直至前阵子，他接触到“斜杠青年”与公众号红利等相关信息，仿佛找到了打破生活惯性的绳索。于是，他连夜申请了公众号，开始了白天上班、晚上学习的“斜杠”之旅。

自那天起，我再也没有见过表哥参加任何聚会。每天大家刷微博看电视的时候，他都在不断学习；当大家早早进入梦乡的时候，他依然在案前笔耕不辍，基本午夜三四点还在辛勤工作，午夜 4 点的风景对他而言变成了伴随入睡的背景。

两个月后，表哥的生活发生了翻天覆地的变化。由于长期睡眠不足导致白天上班频频出错，好几次表哥因为一时走神而导致该批次货物中出现次品，恰逢当时厂里绩效不佳，因而表哥的名字出现在厂里的裁员名单里。他的公众号虽然每天坚持更新，可由于文字质量参差不齐，根本达不到变现的水平。一系列的难题导致表哥一时之间失去了所有的收入来源，生活陷入了困境。

更不巧的是，也许是长期熬夜的原因，表哥肺部感染了病毒，高昂的医疗费用使他花费了大部分积蓄。

花费业余时间去提升自己是好事，但是为了提升而透支自己的精力与健康则大大的不妥；本来是奋力争取机会，结果却熬虚了身体，得不偿失。熬夜的潜在风险高于一切机遇，健康的身体才是我们多元发展成为“斜杠青年”的前提。

02

阿青是我大学时的室友。也许是家庭的缘故，她入学以来一直都非常勤奋，除了主修科目门门俱佳之外，她还进了音乐、心理等一系列协会进行学习。她有一句口头禅：“时间宝贵，我得争取时间，多学几门技能。”

一开始，我们以为她对这些学科纯属好奇，才雨露均沾啥都想学，并且相信她也不过是三分钟热度，很快就会放弃这种忙碌学习的生活。然而，阿青的坚持却让我们大跌眼镜，每天在完成专业课的同时，她还能抽出两小时练琴时间以及参加各种协会演讲与活动，基本每天宿舍关灯之前都无法看到她的身影。

毕业以后，阿青依然发挥着她“拼命三郎”的本色，在完成本职工作之余还报了各种礼仪班、形象设计班等课程培训。然而由于过度熬夜，她变得面容憔悴，才毕业 2 年就连连被邻居小孩称为阿姨，这常常让阿青感到尴尬不已。

后来学有所成的阿青在工作之余开了一家彩妆工作室。当时恰逢彩妆处于红利期，因而一时间阿青的工作强度大大增加。每天下班以后要忙着给顾客服务，遇到婚庆旺季的时候更要一大早起床为新娘上妆，然后再赶地铁上班。据阿青所说，那段时间平均每天只能睡 4 小时，熬夜更是家常便饭。

然而没多久，阿青却关了工作室回老家发展。这突如其来的消息让同学们都无比惊讶。跟阿青熟络的园园告诉我们，阿青由于长期熬夜导致身体出了点问题，加上平时精神萎靡的她常常在工作中出错，之前累积的客户资源都纷纷离开，所以她干脆关了工作室回到老家养病。

后来听说阿青回到老家后结了婚，便再没有听过她的消息。好不容易走出家乡迎来新生活的她，本以为以勤补拙来提升自我竞争力，成为一个多面性的“斜杠青年”，然而却败给了熬夜，败给了内心的焦虑。

03

每个人在生活中都会遇到焦虑的情况，尤其是到了一天将要结束的时候，我们总会出现时间不够用的错觉，很多时候便会去占用休息时间忙自己的事。当我们发现熬夜并不会带来什么影响时，便习惯性地用熬夜去抚平内心的焦虑。

殊不知，当我们自以为聪明地开始熬夜的时候，生活早已把我们的一举一动看在眼里，那些熬夜所换来的时间，总会在日后以不同的形式加倍奉还。

虽然每个人都能在网上看到熬夜对人体的危害，也经常看到某个白领由于工作过度而猝死等相关新闻，可是我们始终无法战胜侥幸与浮躁，不相信这样的事会发生在自己身上，或者说我们愿意相信成功会比意外来得更快。

熬夜成了一种趋势，一批又一批怀揣着梦想的少年前仆后继地朝着“斜杠青年”的目标进发，熬夜成了满足他们急功近利的唯一途径。午夜的星空下，他们或是在标榜努力，或是在低效瞎忙，最终大部分人掉了头发、虚了身躯却依然一事无成。

醒醒吧，少年郎！熬夜并不能使你成为一名“斜杠青年”，脚踏实地，先努力让你的才华配得上你的标签，别让熬夜把你毁在起跑线上。

那些实现自由的人，都有你想不到的自律

在我 20 岁出头时，从来没有想过自己会变成一个喜欢嫉妒的人。

不知道什么时候开始，看着朋友圈那些在各地旅行生活与悠闲享受阳光空气的人在自由中翱翔时，我总会感到一丝失落。回看自己这些年来大多数日子都是宅在家中书写，除了几本无人问津的图书和尘封在时间里的文字之外，其余的可以说是一片空白。

在无限贴近 30 岁的年纪里，我们的生活不再精彩，再也没有三五好友通宵达旦肆意狂欢，也没有说走就走的任性出行，留给我们的只有一地鸡毛的生活以及不可抵抗的生活惯性。而那些一直活跃在我们朋友圈的人，仿佛打破了年龄的界限，他们自由

且随性，对生活依然无比热爱。

在他们实现自由的背后，一定会有什么东西支撑着他们前行吧。

01

有段时间，我在朋友圈里比较活跃，隔三岔五便邀约为数不多的朋友一同进餐玩闹，希望能够以喧嚣去打破自己的职业倦怠期。

某次与小山进餐的时候，得知他将要辞去记者的工作到非洲拍摄人文纪录片，我突然间就懵了，那个在我的认知中遥不可及的非洲仿佛被小山一下子拉到我的脑海中。

小山在本土一家电视台从事记者工作，勤奋且聪慧的他在几年间得到了无数领导的赏识，如今电视台里的各种头条新闻都由他进行采编，可谓前途无限。眼看即将走向人生小巅峰的他怎么就突然辞职了呢？还想着离乡背井到非洲去……

“每一个媒体人都有一个非洲梦，因为那里有太多需要挖掘的东西，也有太多的未知。”小山告诉我，从小到大他就希望到非洲拍一组照片，或是雄狮大象，或是妇女小孩，只要能够到那个国度去看一看不同的世界，那就是他最想要的未来。

看小山一副胸有成竹的模样，我不禁为他的生活担忧了起来。说真的，梦想这事谁都有，有人希望未来可以环游世界，有人愿意与最爱的人私奔逃离喧嚣，可是生活就是生活，它始终不断地向你索求些什么，哪怕你不顾一切任性出走，最终还是会回到生活当中，为自己当年的鲁莽买单。

当小山知道我的顾虑后，他告诉我其实这趟非洲之旅早在5年前便已经开始计划。5年来，他每天下班后便自学阿拉伯语与桑戈语，由于没有老师指导，也没有相关培训，小山只能每天挑灯夜读，在5年时间的死磕里仅仅学会了足够他与别人进行简单对话的词汇量。

此外，小山想到了这趟非洲之旅无比漫长，因此他努力工作，并将每个月的工资都用于购买理财产品，只为自己留下500元用作生活费。如今，那些理财产品每月返还的金额恰恰足够他的生活所需。

小山的话让我感到无比汗颜，同时也为我那狭隘的目光感到羞愧。五年如一日地准备实现梦想，多少个夜晚他忍受着孤独去学习那些在社会上根本无处应用的小众语言，多少次他拿着仅够食住的生活费过着捉襟见肘的日子。虽然那些无奈与苦涩在当时都显得毫无意义，但正是他那绝不动摇的自律使他在遇到志同道合的伙伴时能够果敢地追求属于自己的梦想，实现生活的自由。

原来很多时候，他人风光的背后都有着不为人知的艰辛，正是那些无比自律的时光让他们能够在充满束缚的世界里找到自由。

02

在我 25 岁那年，我放弃了到企业工作，回到家里开始自由撰稿的生涯。

在那段时间里，很多朋友向我表达了自己的羡慕之意，说是可以睡到自然醒，不用看老板脸色，也不用挤地铁，只要有一台电脑便可以喜欢去哪就去哪……然而，他们口中所说的仅仅是我自由职业生涯的表面，而我的生活并没有他们所说的那么美好。

首先，焦虑是我每天必须要处理的情绪。从企业辞职以后，无论你多么繁忙也不会有固定的薪水打入你的银行卡中。每天起床后面对着冷冰冰的屏幕，那种孤独感是职场上绝对不会出现的难题。为了适应这种企业与自由职业的落差感，我花费了大量的时间去为自己做心理暗示。

另外，睡到自然醒这事是绝对不存在的。上班的时候我 7 点起床，自从开始自由撰稿以后，每天 5：30 的清晨便是我睁开眼睛看到的第一幅景象。一来工作的焦虑使我不敢熟睡，二来高强度的工作亦让我不得不从慵懒中爬起，开始准备新一天的工作。

他们认为的美好生活，只是我自由职业中的一小部分。为了一趟旅行，我必须提前一个月把后续的工作完成；为了做一份自己满意的早餐，我必须牺牲晚上的休息时间来弥补；为了参与一场聚会，我必须跟所有的编辑请假，生怕聚会途中收到任务影响了大家……

每一个看似美好的瞬间背后都有着更多的付出。有些人认为我们生活中的自由就是破罐破摔，不务正业，但现实是我们的自由背后，更多的是无比的自律。那些自由翱翔的时光不过是在极度自律的日夜里，生活赋予我们的礼物。

就像小琪跟我聊天时说过的那样，平日的生活里除了发朋友圈的时候是比较无所谓之外，其他时间都分秒必争。而这位分秒必争的姑娘成了我身边唯一一个酒店试睡员，每日在各大旅游App里给她上千万的粉丝评价各地旅馆。

一位作家不能等到有灵感才开始写作，否则会沉浸在无穷的焦虑里；一位销售员不能等到客户找上门的时候才工作，否则将每日都在如坐针毡的日子里度过。如果你曾经有过自律的生活，那么你一定品尝过自由的甘甜。

03

关于自由，网上有一段诠释我觉得十分精准：自由并不是我们想要做什么就去做什么，而是拥有对不喜欢的事物说“不”的底气。

因为我习惯早起，所以可以对拥挤的地铁说“不”；因为我热爱运动，所以可以对臃肿的身材说“不”；因为我有理财的习惯，所以可以向低廉的地摊货说“不”；因为我长期过着自律的生活，所以可以在对生活妥协的瞬间说“不”。

当我们为了走在加德满都的街道上而不得不花费几个月的时间准备时，当我们为了夏天能够秀得好身材而不得不挥汗如雨时，当我们为了走向更宽广的舞台而不得不秉烛夜读时，我们都是为了将来能够拥有更多选择的权利。但在选择之前我们必须要学会管理自己的人生，这样的生活才能算是拥有自由的价值。

村上春树曾说：痛楚难以避免，而磨难可以选择。是选择艰苦的自律去换取肆意飞翔的自由，还是选择慵懒的生活而被动地接受生活的苦痛，我想你对此自有定夺。

比消耗流量更该担心的是消耗生命

不知道从什么时候开始，大家都觉得手机流量比钱包里的钱更加重要。有一次跟朋友聊天得知他的手机套餐有几个 G 的流量时，我看着自己还在用着 10 年前的“万花筒”套餐，一种被时代遗弃的感觉从心底浮现。

“没有流量了”“Wi－Fi 密码是多少”之类的话已经成为出现频率最高的语句。无论是朋友聚会还是工作场合，我们总能听到有人询问 Wi－Fi 密码，也有人谈论着最新的手机流量套餐性价比……

在手机主宰生活的年代，人们都爱惜流量如金，却很少有人在意那些偷偷溜走的时光。

01

我曾经也是一个不折不扣的手机狂。上大学的时候，由于不擅长社交，也不怎么愿意跟身边的人交流，那部老旧的手机就成了我最好的朋友。

记得那时候还没有《王者荣耀》，也没有“吃鸡”，而我却能在一个个简单的小游戏中找到生活的乐趣，也能从一篇篇事不关己的新闻中找到不知从何而来的优越感。

如果当时有人问我手机有多好玩的话，那么我可以列举出一大堆答案。因为那时候的我宁愿抱着手机看新闻也不愿意跟同学们一起去踏青，甚至在舍友们聚餐的时候，也喜欢拿着手机在大家的聊天声中静静地刷着网页。

那时候的我喜欢沉浸在自己的世界里，仿佛在那些无关的篇幅里能够找到一切。一个人静静地躺在被窝里玩手机便是我每天的常态。在这种沉醉于网络世界的状态下，我度过了整个大学生涯。

直到毕业聚会的那天，班里的同学会聚一堂，大家聊着大学这几年的趣事，调侃着谁跟谁的暧昧关系。听着他们的话我才发现，在这段最美好的时光中我错过了很多有趣的瞬间。

那天晚上，我放下了手机跟身边的朋友闲聊作乐。此时的我才发现原来身边的每个人都是那么可爱。他们并不是冷冰冰的文字，也不是一成不变的小游戏，他们是有着自己想法的个体，是能够与你互动的知心好友……

那天晚上，我们班里的所有人都喝得大醉，想着即将各奔东西的明天，大家相互拥抱，相互祝福。末了大家一行 40 多人走在空无一人的大街上，唱着五月天的歌，唱着周杰伦的歌，唱着那些我们度过的青春。

年轻时的你们是不是也曾沉迷在手机里面，忽略了身边的人。当我们在耗费着流量消磨着时光的时候，可能大家正在窗外奔跑着；当我们沉浸在那些可有可无的小游戏里时，大家却在集体的温暖中度过寒夜；当我们在网络上看着那些冰冷的图片时，也许大家都已经走在路上，用身体和眼睛去感受我们未曾触及的世界。

不可否认，网络可以拉近我们跟世界的距离，但它永远无法给予我们最真实的感觉。它可以告诉我们旅行的意义，却无法让我们感受到自然带给我们的真切震撼；它也可以告诉我们爱情的甜蜜，但始终敌不过一个温暖的拥抱。

放开那个冰冷的世界吧，别忘了我们身边还有一个温热的小天地，人与人之间的温热是网络世界永远都无法给予的。我们的生活不仅需要资讯，还需要那些酸甜苦辣的切身感受。

02

有人认为，玩手机不过是生活中的一点小爱好，像是有的人喜欢打麻将，有的人喜欢打篮球一样，可是不知道大家有没有发现，相比起其他爱好，玩手机更容易让我们沉迷。

如今，各种小视频在网络中泛滥，我们很容易被一个个看似有趣的视频吸引了注意力。有时候，我们看视频一天就过去了，追完一套电视剧就荒废了几天的时光，为了支持某个偶像，可以好几天不出门疯狂地搜集他的所有剧集与资料……

其实，这个“小爱好”已经严重影响了生活的平衡，占据了我们所有的时间。

有一周周末，我们前同事组织聚会，整个部门的员工悉数出席，经过几年的沉淀，每个人都有着或多或少的改变。K 变美了，成为一家时尚杂志的小编；萝卜瘦了，生完孩子后一直不肯消散的萝卜腿终究被她硬生生消灭了；小皮成了圈内有名的情感作家；阿琳开办了自己的培训班……大家纷纷说起自己这些年的经历与改变，而阿信却依旧跟以往一样，喜欢一个人坐在一旁，捣鼓着手机。

后来阿信给我发信息说，很羡慕我们离职后可以拥有如此多彩的生活，还说自己几年来一直在某私企里不断重复机械的工作，下班后也就玩玩手机就到点睡觉了，想过考研却一直沉不下心去学习，只能与手机为伴，得过且过。

仔细想想，在这个城市里，大家每天忙完工作吃过晚饭以后都已经到了 8 点多，剩下的点点时间便是我们唯一能够把控的属于自己的时间，而阿信却用来刷网页玩手游，如此重复的生活又如何能够找到突破生活惯性的缺口呢？

我告诉阿信，下次聚会的时候不妨先放下手机，听听大家的谈话，也许这会让你感到别扭，但能够让你切身感受到人与人之间的交流，说不定还可以从中找到自己向往的生活。

自从过了 25 岁，我发现自己也不能免俗地喜欢回忆过去的生活，与身边朋友聊天的话题也逐渐从各种好玩的好吃的变成各自的经历分享。也许是因为长大以后，我们开始有了自己的责任，有了自己的负担，所以相聚的时间也变得越来越短，各种好玩好吃的也比不上共聚的那段宝贵时光。

因此，我依然愿意跟你分享我过去所经历的一些事，因为那是我走向生活以后换来的宝贵回忆，哪怕在路上撞得遍体鳞伤，可这就是我想要的生活，也是我对人生最真切的感受。

我愿意分享一切，也愿意与你一同去探索这个世界，而不是藏在手机屏幕中，冷眼看这个世界。几年后，除了那些滑过的视频以及通关的游戏之外，你会发现自己一无所得。

不曾走向生活，如何感受生活，也许过程中你会受伤，会欣喜若狂，但无论眼前的路是喜是悲，也总比把自己困在屏幕中虚度光阴要好吧。

其实，你拿起手机消磨时光，就是你对生活妥协的最大表现。

03

我曾经去疗养院看到那些老人家手上都拿着一个收音机，他们没有能力走出外面的世界，只能通过广播去了解，去消磨时光。如今我们正值壮年，青春年华、大好光阴在手，却不愿意走到外面的世界看一看，终日沉迷在手机网络中，殊不知我们荒废的光阴恰是那些老人再也无法获取的宝贵财富。

说到底，那些时刻捧着手机不愿与人交流的人就是懒，不愿意出门，不愿意聚会，不愿意多走几步，所以只能通过手机退而求其次地去看这个世界；因为懒得动脑，所以不愿意跟别人交流，也不愿意去跟身边人去探讨挖掘自己的价值观，宁愿通过手机网络去被动吸收作者的观点。

在我们写手圈子里有一位大神，他给我们义务线上培训的时候说过，很多看似有用的事物其实只会蒙蔽我们的内心，影响我们去呈现最真实的自己。他外出取材时从不带手机，只带一套笔记本、笔和一台相机以及一款老旧的 MP3。

因此，他总能从不同的角度发现生活的点滴，也能写出最打动人心的文章。我们每个人都有最独特的想法，可是在周围的纷纷扰扰中，我们逐渐被这些信息扰乱了内心，变得人云亦云，每个人的世界都变成一个模板，在浑浑噩噩中虚度人生。

上帝给我们一双眼睛，让我们的目光能够触及整个世界，我们又何苦被小小的屏幕束缚，白白消耗光阴呢？

放下手机吧，比起那些用流量换取的资讯与享乐，生命中还有更多的美好等着我们去感受。今天已经是我们生命中最年轻的一天了，再不把握光阴，更待何时？

你不是全能王，别对自己太苛刻

曾经有读者在公众号后台给我留言，抱怨自己几年来一直兢兢业业地把所有时间都投放在工作中，无论财务、营销、销售、内勤等各个公司板块都加以钻研，经常熬夜学习使他的身体不断变差，可是领导对此视而不见，好几次加薪都没有轮到自己，更不用说升职提拔了。

听了他的话，我陷入了沉思，良久才想起问他究竟在公司里从事什么职务，何以在短短几年内竟然需要学习如此宽广的知识。然而当我提出问题以后，他却再也没有回复我。

我相信他已经明白了自己的问题所在，他的问题在于太过“贪婪”，想要全面学习整个公司的运作。其实，想要当全能型人才并不是说不好，而是我们普通人能够做好一件事就已经需要花光所有的力气。如果想要全面学习所有的术业，就必须严格要求自己，不断透支精力与健康。“出师未捷身先死”，熬坏了身体，赢得天下又如何？

01

我发现身边很多人都不再潜心钻研安身立命的技能，而是逐渐朝着“全面发展”的方向前进，学财务的开始兼顾营销，学行政的开始涉及会计等情况在职场中比比皆是。表面看来，这是一个人好学上进的表现，但仔细一想并不是这么回事。在学习跨专业知识时，我们必须要舍弃自身时间去学习，若是有大量空余时间那自然是不错，但身处这个生活节奏过快的时代，我们是否有那么多的空余时间？

相信当下大多数人都会选择舍弃自身技能的学习时间或是休息时间去接触跨专业知识。但长期下去我们不仅透支了健康，同时也减缓了自己的发展速度，在职场上落后于人，吃力不讨好。

武哥是公司招来的一位实习生，从他的简历上可以看出他是一位爱好广泛的青年：跆拳道爱好者、钢琴演奏者、证券从业资格证拥有者、某网站签约摄影师……各种各样的头衔从他的简历中溢出，却没有任何关于他专业课的信息。本来公司想要将其淘汰，但碍于当时极度缺人，在上级的示意下人力资源部门才将其收归囊中。

武哥属于自来熟的性格，而且仿佛对身边所有的事情都有极其浓厚的兴趣。平日完成工作后，他喜欢到处找同事聊天。偶尔同事们都在忙的时候，他便静静地坐在一旁看着，好几次我都被他看得怪不好意思。

后来，由于武哥经常主动与我们交流，大家都熟络了起来。有一次，我们部门几个朋友下班后聚餐，酒足饭饱后开始闲聊。武哥告诉我们，自己在入职之前已经被好几家公司拒绝，既然有幸进入公司就必须多学点知识，希望能够让自己变成一个面面俱到的有为青年。

听了武哥的话，我突然感觉哪里不对，但当时的情景如此喧嚣，我也不好细思。自那天以后，武哥跟我们的交流更加频繁，他在忙完工作以后便拿着其他专业的书籍钻研，看到不懂的地方便找到我们询问。一时间，他成为大家眼中勤奋好学的有为青年。

然而，实习期结束以后，他并没有收到公司的聘任通知，原因是他的专业技术不到位，难以满足公司的需求。得知自己被公司淘汰以后，武哥的情绪非常低落。恰好当天我在加班，下班的时候公司早已空无一人，唯独武哥正慢悠悠地收拾东西，在昏暗的灯光下甚是落寞。

看我走来，武哥抽了抽鼻子，随后挤出一丝笑容与我道别，他的样子实在让人感到心疼。当天晚上我跟他聊了很久，得知武哥平时下班后还努力学习不同的知识，但他如此勤奋努力换来的结果却不尽如人意，在谈话的最后我明显感觉到他有点自暴自弃。

其实，像武哥这样的人在职场上多如牛毛，不管是刚毕业的大学生还是在职场上混迹几年的青年，他们总有一个错觉：只要我学得更多，就能够在职场上混得更好。

话虽有理，却被过分解读。很多人为了学得更多，不惜牺牲提升专业技能或是其他本应用于休息的时间，到头来不仅专业知识没学好，而且那本该用于构建知识的时间都用于学习杂而广的知识，缺乏了专业的垂直面，从而在职场上失去了竞争力。

职场不像学校，唯有巩固我们的核心竞争力才能在残酷的生活中赢得一席位，就像是最优秀的战士会手持最锋利的长矛直奔战场，而不会苛刻地要求自己精通十八般武艺。

02

朋友小肥开了一家工作室，以制作动画为主，虽然平日业务不是特别繁忙，但在小肥和几位合伙人的坚持下依然能够在竞争激烈的市场上立足。说起小肥，我们对他的感觉都是独立、要强。他有一句口头禅："没事，自己能做就不要劳烦别人了。"

后来，小肥的工作室业务逐渐扩大，开始对某些机关项目进行投标，但小肥跟他的合作伙伴都只是对动画专业精通，对标书撰写、参与投标等流程却一概不知。有人提议小肥把项目投标交给专业人员处理，可小肥依然一如既往地打算自己学着做，还搬出了那句口头禅：“没事，自己能做就不要劳烦别人了。”

从那天起，小肥除了要完成投标用的动漫样板之外，还要学习标书制作以及投标流程等工作，每日完成工作的时候已经是午夜时分。那段时间，小肥的身体明显变得虚弱，人也变得消瘦。

然而，努力并没有让他笑着走到最后。在招标环节中，由于各项工作频频出错，招标方选择了另一家动漫工作室作为供应商，而小肥的工作室以落选收场。招标过去以后，小肥失落了很久，很长一段时间都无法走出失败的阴霾。

大家都知道，单论作品质量的话其实大家水平相当，但由于其他非专业的因素使得小肥的工作室落败。后来，我仔细想了一下，很多时候我们不也是经常以为自己能够通过努力去全面把控一件事情，将非自己专业的事情包揽在内，最终不仅苦了自己，还落得了一个吃力不讨好的结果。

对于我们普通人而言，面面俱到是对自己过高的期望，相信努力能够使我们短时间内成为一个领域的专家，所以不断苛刻地要求自己去学习专业外的知识，希望能够把其他能力亦上升至专业的水平。

然而，现实总会告诉我们，以苛刻去换取专业不过是我们的自以为是。一万小时理论依然是我们成为专业的重要指标。真正的核心技能是需要大量时间去钻研与思考，而不是通过短时间苛刻要求便能够达到。

不得不说的是，谁都希望自己能够在职场上或生活中做到无所不知、八面玲珑，但现实总会给我们泼上一盆冷水。正所谓尺有所短寸有所长，每个人都有自己的优势与短板，我们无须太在意自己是否能够成为一名全能王，只要懂得把专业的事情交给专业的人，任何事情我们都能协调得近乎完美。

03

技能交换、多元核心技能的组合能够使一件事情尽善尽美。我们需要做的并不是如何让自己变得全面，而是要进一步提高自己的核心能力，以高端的技能换取同样价值的技能，使身边跨领域的好手成为自己的拍档。如此一来，比起强迫自己多元发展更具有效率和可行性。

当我们拥有一门制作动画的手艺时，可以把业务推广以及招商的工作交给专业人士，让他们成为我们手艺的推销员；当他人在找到了商家投资影片的时候，我们可以替他们做出好的作品去满足投资方的意愿。如果彼此都能做到的话，那么我们根本不需要任何跨领域的技能，只要专心提升自己的核心技术便可以吸引更多跨领域的人才前来合作。

生活的多元让我们无法面面俱到，然而不必慌张，虽然无法做好生活中每一个环节，但是可以以自己特有的核心技能去交换他人的能力，这才是做好一件事的真正方式。

第五部分
愿你从容也有热血，成熟却不世故

世界本就不公平，你要保持平常心

公平，是每一个走出社会的人都会谈及的一个问题。很多人抱怨在生活中处处遭遇不公平对待，当他们遭遇看似不公平的对待时便会迅速开启“上帝视角”，对眼前的遭遇进行吐槽，更有偏激者会因此大发雷霆，愁眉不展，闷闷不乐。

世界本来就是不公平的，而且这种不公平很多时候是不可打破的。鱼儿总是羡慕天上的飞鸟，觉得海水是世界对它的禁锢；飞鸟羡慕地上的野兽，觉得世界欠它一副獠牙。其实，世界上最大的公平就是每个人身上都有着不公平，只要保持平常心做好自己，就会发现那些所谓的不公平不过是庸人自扰罢了。

01

曾经有一位读者在我的文章下方评论说：我总算看透这个无情的世界了，明明考试成绩前三名的我竟然没评上奖学金，而比我差一大圈的同学却把奖学金收归囊中，说起来这可真是个看关系的世界呀。

从他的评论中我看到了满满的抱怨，抱怨学校不公平，把奖学金发放给了比他差的学生；抱怨世界不公平，无论走到何处都是“有关系优先”的潜在规则。其实，在这个刚刚走向独立的年龄，每个人对世界的不公都非常敏感，走出温室的他们逐渐感受到生活中的种种不公，并对此感到不适。

我没有回复他的评论，毕竟这种情况在现在比比皆是。一所学校的奖学金评选不光是以学习成绩为指标，有的会根据学生的进步情况，有的会根据学生课外活动学分及与成绩相结合的指标，而且评选奖学金的老师也是人，也会因为主观情绪而出现评选误差。

在我身边也有一个朋友遭遇着同样的事情。远在异国他乡就读研究生的他连续几年与奖学金无缘，虽然他的成绩在学校长期名列前茅，但由于各种原因，奖学金都被其他同学评上了。在家庭条件不是十分宽裕的情况下，他不得不利用课余时间给别的公司当中文翻译，有几次还因为错过了寝室的关灯时间而不得不露宿地铁站。

他也曾抱怨过，甚至还闹过退学，可最后现实的无奈使他不得不继续留在他乡。直到毕业那年，同学们纷纷回国发展，而他由于几年来一直为各大企业做翻译，留下了良好的口碑以及丰富的工作经验，才毕业不久就被英国某知名外企聘任为对华贸易翻译，前途一片光明。

其实，人生是有阶段性的，也许在这个阶段你承受着各种不公平的对待，但若是就此自暴自弃的话，那么不公会伴随着你度过每一个阶段。在面对不公的时候，我们必须确保心态平和，相信如今所有的付出都是为了以后做铺垫，一无所有的自己在上坡路上埋首前行，终有一天可以走向新的坡顶。

02

无独有偶，最近小良也开始跟我抱怨起职场的不公。初入职场的他虽然表面上生猛而有活力，每每到了部门组织头脑风暴的时刻他总是能够提出各种奇奇怪怪的想法。然而在传统的企业模式下，他的想法却成了笑柄，而那些中规中矩的创意却获得了上司的认同。

“我说吧，这家公司就是活不久了，也不看看外面的世界变成什么样了，这样一成不变的做法简直无法存活！”小良跟我抱怨道，“别以为我不知道，那个小薰整天对着经理眉来眼去的，也难怪经理被她迷得神魂颠倒。”

对于小良的遭遇，我虽然不能感同身受，但是能感受到他的无奈。作为一名文字工作者，创意碰壁实在是随时发生的事，尤其是当竞争对手的创意不如自己的时候，那种不公感便在脑海里不断蔓延。

本以为小良会一蹶不振，因此我不断安慰他，告诉他创意被毙是常态，可这并不是我们随波逐流的借口。没想到他竟然告诉我：“就让他继续毙我的创意吧，反正我都无所谓了。那些被毙掉的创意我都留着，回头说不定有用呢，消极怠工可不是我的风格。”

后来，小良利用业余时间将那些创意放在博客上保存着，没想到被某知名企业高管发掘。如今，小良已经开始跟该企业洽谈合作，准备跳槽。

面对不公的最好办法并不是不顾一切地怼回去，毕竟每个人都有自己的见解与精力，也许你的埋头苦干比不上人家的一声呼唤，这是职场上大家都无法避免的灰色地带。

很多时候我们必须要明白，所有的不公平都是基于我们的竞争心理，不公平的对待在生活中随处都有。在面对不公平的时候，我们要学会收起对他人的竞争心态，而把竞争目标放在自己身上，追求进步但不强求超越别人。每天都比昨天的自己进步一点，那么在未来我们也许就能拥有打破不公的能力。

03

在知乎上看过一句话：在倾斜的路上，依靠赤手空拳闯出一片天，这样的自己你是否会为之着迷。

也许，逃离不公是我们一辈子都在努力的动力之一。随着社会的发展以及互联网的普及，不公的待遇充斥在生活中的每个角落，尤其是在自媒体的圈子中。

很多自媒体作者都在抱怨，为什么很多人仅仅是爆一个照就能轻松获得千百个赞，而那些勤勤恳恳地在屏幕后方码字的作者则一直沉寂无名。这在自媒体圈子里已成为普遍现象。在这个现象下，我们是否应该以此为借口自暴自弃从而放弃写作的念头?

也许，正是有太多人无法接受这种不公，才彰显出那些坚持而来的美好。正因为我们忍受着不公继续埋头书写，才有了被读者喜爱时的欣喜若狂。同理，正是在不公的状态下我们依然能够保持平常心去对待工作，才有了成功的喜悦。

世界上的不公平本就无处不在，但是那些不公平并不是你茶余饭后抱怨的谈资，而是让你知道在你眼前有一堵必须去突破的屏障。唯有执意向前才能冲出不公的待遇，走向巅峰，掌控命运的天平。

人生无处不逆袭，只要你敢于直面不公，就能以平常心去打破不公的惯性。

生活从不缺悲剧，你要慎用悲悯

曾经“网络筹款”等一系列事件引发了轩然大波。网友们对此各执一词，有人认为在不了解对方经济状况的情况下，盲目捐款很容易造成他人的依赖；也有人认为无论对方是否有足够的资金去治病，只要在筹款背景真实的情况下，就应该去帮助那些需要帮助的人，这事无关金钱，仅仅是向对方传递爱的途径。

于此，我还是建议各位慎用你的悲悯，毕竟这个世界从来不缺悲剧。无论是亲人重病抑或怀才不遇，各种大大小小的悲剧在我们身边不断上演。浮于表面或是屏幕上的悲剧使我们无从探究事情真假，所以当我们面对悲剧时更应该懂得去理性对待，否则很容易造成不必要的误会与麻烦。

01

不知道从什么时候开始，善良已经变得不再是身上的优良品质，而是我们暴露给某些人的肋骨。

从小到大，我们就一直被教育说要懂得乐于助人，但是从来没有人告诉我们要学会带眼识人。待到我们吃尽苦头以后，才懂得自己的善良虽然是乐于助人的源泉，但也很容易成为他人利用的把柄。

我的好友小智曾遇到过这样的情况。作为企业老员工的他平日勤勤恳恳，而且特别喜欢帮助同事们解决难题，因此被同事们称为部门里的“百事通”。

那一阵子小智迎来了升迁的机会，部门主管的退休使他成为下一任主管的候选人，就连公司高管也多次暗示他好好表现，争取在现任主管退休之前做出一点成绩。

小智当然知道领导的言外之意。当时部门发掘了一个潜在客户，其业务量远远高于其他散客，上级对此十分重视，因此小智必须在领导退休之前争取完成与客户的合作。

当天从领导办公室出来以后，小智开始梳理客户资料，同时也对身边的竞争对手进行了解。经过简单的分析后，小智相信自己能够在主管退休之前完成双方接洽。正当小智信心满满的时候，部门的另一位员工阿凡找到小智，提出了一个不情之请。

阿凡告诉小智自己的父亲身患重病，最近需要经常跑医院照顾父亲，而且由于医疗费用昂贵，阿凡不想请假失去全勤，想要小智帮忙兼顾一下他的工作。

一开始，小智还想着升迁一事便婉拒了阿凡，但当他看到眼前的1.8米大个儿眼泛泪花的时候，就心软了，答应了阿凡。自那天起，小智一人兼顾两个人的工作，每天加班加点忙到天黑，丝毫没有时间去忙洽谈客户的事宜。

阿凡每天上班打卡以后便急匆匆出门，直到晚上下班后才回来，看到小智埋首加班便上前感谢几句，随即急匆匆离去。如此情况持续了半个月，直到阿凡成功地把与那位客户共同签订的合同带回办公室后，小智才明白事情的真相。

后来，小智找阿凡理论，而阿凡仅仅轻描淡写地说了一句："我去照顾父亲的时候恰好经过客户的公司，看你帮我工作那么辛苦，所以顺便帮你把单子带回来。大家都是为了部门业绩着想，没必要分得那么清楚。"

小智听后虽然怒不可遏，但也无可奈何，要怪只怪自己盲目地答应了阿凡，而没有去弄清事情的真相，只得白白将升迁的机会拱手让人。

悲悯与同情是人与人之间最珍贵的情感，它使我们在无情的生活中感受到身边的温存，但现在太多人利用悲剧带来的同情，使得悲悯成了世界上最廉价的付出。所以，我们应该懂得慎重地使用悲悯，避免让自己成为另外一个悲剧。

02

有一次，乡下的大姨给我来电说表妹毕业以后一直蹲在家里没有找到工作，所以想让她到城里找找机遇，并让我收留一下表妹。虽然我平日习惯独处，但想到表妹毕业几个月了还没有找到工作，而且在城市工作能够一定程度上提高她的就业起点，因此就答应了下来。

几天后，表妹从乡下搬到我家来住。当晚我跟她聊天的时候才知道，原来她现在还没有找到合适的工作，打算先在我家小住一段时间，等习惯了城市的节奏再做找工作的打算。

于是，我的家便成了表妹的全天候乐园：每天睡到大中午，起床后就开始刷微博、刷朋友圈，刷个够以后就开始做她的明星梦，自己躲在房间里开始线上直播，直到我下班以后她开始嚷饿……

基本上，我家的沙发与床就是她一整天待着的地方。几个星期下来，表妹胖了一大圈，但工作的事情却一直都没有着落。后来，我找她聊了一下，她告诉我自己没有学历也没有工作经验，在这座城市里想要找到一份好一点的工作无疑是痴人说梦。

看她一副可怜兮兮的样子，我动用了朋友的关系，让她在一家本土汽车美容店当一名前台。

本以为这样表妹就可以好好工作，没想到过了两天我就收到了朋友的投诉，说表妹在工作期间只顾着玩手机，连客户到来也不愿意招呼，引得老板大大不满。当天晚上，我跟表妹说起这事，没想到表妹一脸不在意地说："怕什么，你以为他们给我的工资很高吗？就这个工资他们辞掉我还真找不到别人顶岗呢。"表妹的态度让我无比窝火。

几天后，表妹从汽车美容店辞职，打算再待在我家混日子。我得知后连忙将她送回老家，任由大姨如何哀求，我也强忍着同情心泛滥，坚决不为所动。

很多时候，我们的同情与悲悯不仅不能帮到别人，反而会使他们对我们的帮助产生依赖。他们忽视了自己应该付出的部分，将困难与无助甩手交给我们，自己则悠然自得不劳而获。

在大大小小的悲剧面前，盲目的同情与悲悯很可能会成为他人依赖的源头。那些网络筹款会使人们不劳而获的心态不断增长，以至于如今网络筹款泛滥，无条件地帮助他人会渐渐成为理所当然……

在面临求助的关头，我们更应该以合适的方法进行引导及帮助，而非一味盲目地为他人解决问题，因为我们的悲悯不是他人利用的资本，珍贵的善良不应该被无条件索取。

03

网上有一个新闻曾经传得沸沸扬扬：某明星成名以后，捐款修建家乡公路。然而，当家乡的泥泞路变成水泥路以后，网民们在网上的反应竟然是不断地抨击该明星，问她为什么不多捐一点，让道路更加平坦。还有人说村里的庙宇也变得破旧不堪，让她多捐一点修葺庙堂。

在网上这样的新闻比比皆是，无论是国内外享有盛名的慈善家抑或民间小小的善心人士都遭遇过这样的抨击。最让我感到痛心的是，在国外有一位老人家，他一生以慈善为业，后来年事已高，收入减少，为了慈善他不得不一直降低自己的生活质量，但是那些被资助的人却一直不依不饶，最终这位老人留下了一封遗书，自尽离世。

网络的发达使我们看到了更多类似的悲剧，我们的同情心不断地被挖掘与透支，从而使我们的现实生活中也出现了或多或少的扭曲的价值观，很多人逐渐喜欢展示自己身边的悲剧，从而获取他人的关注与悲悯。例如，年轻人之间“喊穷”的现象。在我身边很多朋友一碰面就三句不离“穷”，如果是单纯想让人请客或占小便宜还好，最怕的是这种“展现伤疤”的观念深入其心，让人总是有意无意地揭露身上的伤疤与不足，从而获取他人的怜悯与同情。

我们身边从来都不缺乏悲剧，这些悲剧的存在并不是让你过分透支自己的悲悯，而是让你懂得每个人都有自己的难处，你应该把有限的悲悯与同情交给真正有需要的人。

其实，大多数人并不在意你

不知道大家有没有这样的经历，在生活中我们经常会因为他人的批评或表扬而琢磨很长一段时间。或许我们会沉浸在他人的批评中不断反省自己，或许我们会陶醉在他人的表扬中得意扬扬，然而当我们回过头来的时候会发现，他人早已忘记了这事。原来我们一直在意的不过是一场交往中的逢场作戏。

其实，在生活中大部分人并不是十分在意你。很多时候我们感到窘迫只是因为自己认为他人的目光聚焦在自己身上罢了。

01

记得以前上大学的时候，我们几个宿舍的同学在某天晚上开了一个小型座谈会。座谈会的主题是我们曾经做过哪些自己误以为别人很在意的事。一开始，大家都炸开了锅，众说纷纭。小A当时所说的故事让我至今记忆犹新。

小A是他们宿舍的舍长，在上一学期的文明宿舍评比时，由于小A学业太忙而忘记告诉舍友清洁宿舍准备评选的事，结果导致评选当天小A所在的宿舍被评为脏乱差的宿舍。

后来，小A虽然跟舍友们道过歉，可这事却一直成为她心里的那根刺。她认为大家心里都对她有所埋怨。因此，当舍友们关灯后依然聊个不停的时候，她觉得那是舍友对她的抗议；当她看到宿舍地上堆上了垃圾的时候，她默默地清理干净，可心里却觉得那是舍友对她的惩罚；当舍友们都不在宿舍的时候，她会觉得大家是在孤立她。总之，小A当时一回到宿舍就会出现各种负面情绪与想法。直到某天她跟宿舍的人聚餐以后，大家纷纷把碗筷丢在一旁上床睡觉时，她一时间无名火起，并嚷嚷自己不再当这个舍长，闹得大家都很尴尬。

那天以后，她跟舍友们的关系日渐冷淡，她也开始习惯性地躲开舍友，到深夜才回宿舍，一天也不跟舍友说几句话。直到后来，大家看到这样下去实在不行的时候，某位舍友才把大家都聚在宿舍中打开天窗说亮话。当大家知道事情的原委时无一不啼笑皆非，因为什么“脏乱差”宿舍的头衔她们早已忘了，只有小A一直在意着。

02

阿甜是我们好友圈里的辩论迷，她在课余时间经常观摩国内各种辩论赛的技巧，同时也喜欢参加各种大大小小的辩论赛。

某次学校举办了一个大型的辩论赛，阿甜一路过关斩将杀入了决赛，我们一众好友都为她感到骄傲。但由于决赛的辩论赛题与阿甜的生活经历甚少交集，我们在决赛前几天都纷纷找到阿甜，为她提供各种思路与案例。

也许是出于紧张，阿甜最终在辩论赛中落败，说好的把奖金用于朋友聚会的承诺也没有兑现。之后，阿甜陷入了自责的状态。但我们却不知道，一直认为她仅仅是由于失败而感到失落。

当时我们都认为她需要安静地反思，所以大家都有意无意地不去打扰她。过了几天，阿甜找我们聚餐，并且不断地就此事跟我们道歉，我们才知道原来阿甜为了辩论赛落败的事情感到自责，觉得辜负了我们对她的一片期望。

本以为大家说清楚了之后事情就告一段落，但没想到阿甜那段时间隔三岔五就找我们，开始她的各种“花式道歉”：请客吃饭、搬水送饭、送各种小礼物等，我们对此感到越发烦躁。

后来，大家渐渐对她疏离，而阿甜则一直认为是自己的辩论赛没有表现好，才会造成如此后果。阿甜再也没有参加什么辩论赛，毕业以后大家也逐渐减少了联系。

其实，很多时候我们对他人感到不安的原因并不是我们做得不够好，而是太过于高估他人的期望，从而在结果达不到预期的时候将一厢情愿的失望强加于他人身上。如此既对他人造成一定的压力，也给自己带来了许多不必要的烦恼。

就像阿甜的故事中，大家本来是一群无话不说的好友，却因为她过于在意辩论失利，甚至将负面情绪不断投放在我们身上，使得大家渐行渐远。

我们每个人都有自己的目标与理想，为了达到目标我们在日复一日的坚持中不断咬牙前行。每个人都有自己的担当与责任，所以我们不会将太多的精力放在一些无关痛痒的事情上。老实说，哪怕是最好的朋友，我们也不会过多关注或持续关注他们身边发生的每一件小事，更不用说身边的陌生人。

因此，那些一厢情愿地觉得身边人都盯着自己窘态的人不过是以自我为中心的心态作祟。在现实生活中，并没有那么多人会盯着他人不放，毕竟所有人都有自己的未来与担当，他们或者会伴着你一路向前，但不会随你频频回头。

03

每个人从出生开始便走在自己的路上，也许身边会有各种各样的同行者，也许会在路上被石头绊倒，也许会被压力压得蹒跚前行……我们害怕身边的同行者会看到这么一副狼狈的样子，殊不知，当我们转过头看别人的时候，很可能他们也在重压下狼狈前行着，也可能在风光的背后强撑着。

小时候听过一个故事：一位工人在劳作中不小心放了一个响屁，一时间引起了大家的哄笑。那位工人无地自容，在接下来的日子里经常为此而纠结不已，感觉同事们都在无时无刻地嘲笑他。最后，他受不了自己给自己带来的压力而选择了离职。

几年间，他尽可能地避开跟工厂有交集的任何事物，甚至生怕旧同事的嘲笑，宁愿绕更远的路回家也不愿意经过工厂。直到几年后，他在超市里见到了一群当年的旧同事，他只能硬着头皮上前跟他们打招呼，然而让他意外的是，这些旧同事不仅将他放屁的事情忘掉了，而且连他的名字都忘了。

每个人的生活中都有自己的困难与问题，在他们的眼中更多的是前路的困阻与难题，而不是沉浸在身边人的窘况之中。那些我们自以为出糗的丑态也不过是那一瞬间大家的笑料罢了，没有人会在意那些鸡毛蒜皮的小事。

像《这个杀手不太冷》里的那句经典对白所说的一样："生活总是那么艰难吗，还是只有童年时才会这样？""总是如此。"这不正是我们如今的生活吗？在荆棘密布的前路中不断前行，往前一步已经花光了我们身上所有的力气，而理想的目标却在遥不可及的彼岸。

前路何其漫长，我们却太过在乎他人的看法。明明只是一次摔倒，却因怕同行者的嘲笑而驻足不前；明明大家都已经远去，可我们依然站在坑里，被失败的挫折禁锢。待到大家都远远离去了才知道，我们的停留将彼此的距离拉得更远。

也许是因为太过于关注自身，我们都习惯将发生在自己身上的小问题无比放大。请不要让这些放大的问题阻碍了你前进的脚步，因为很多时候仅仅是被自己的想法所困扰，现实中真的没有那么多人在意。

不要焦虑，总有人比你过得艰难

在成长过程中，我们一直都在主动或被动地经历着一些比较，然后看着身边的人仿佛都比自己过得好，于是心生羡慕，羡慕他们看上去毫不费劲的生活，并且开始对自己的未来感到焦虑。

在现实生活中，我们每个人都在疲惫地前行着，他们看似在生活中毫不费劲地过着自己的小日子，可是背后的辛酸我们却不得而知。

没有人的生活是轻松的，在这个世界里，总有人会比你过得更加艰难。

01

好友栗子在一家小型地产广告公司工作，按她的话来说："地产广告没有闲死的高管，只有忙不过来的小员工。"

刚进公司一周，栗子一个人就已经负责了两个项目，每天堆积成山的文案需要她逐一撰写，恨不得长出三头六臂，可现实是她必须朝九晚九地忙活着。

然而，疲惫之余，栗子还是感觉新公司的团队氛围很好，同事各司其职，领导也和大家打成一片。更重要的是，团队遇到问题，总是大家一起承担，从来不会有推诿扯皮的现象。

虽然眼前工作氛围很好，但栗子却开始焦虑起来，对未来的工作规划也变得模糊。自己起初入职这家公司，只是为了高额的工资收益，并没有想要在这个行业中长久地走下去，关于日后去留的问题让栗子很是烦恼。

一次，栗子和以前的同事在一起聚餐，得知很多前同事纷纷跳槽到本地一家大型互联网公司。有的人刚入职就代表公司参加了北京全球移动互联网大会，让栗子羡慕不已。

实际上，早在年初，栗子也和大家一样，向这家公司投递了简历，可是自己卡在了没有985、211学校的学历上。一想到这里，栗子就如同霜打的茄子，一点也打不起精神来，心里更是有种自卑的感觉。

没想到在酒过三巡后，那些看似风光的前同事开始止不住地吐槽起来，每个人无一例外都是满腹怨言："我现在工作的公司虽然规模很大，口碑也好，但是我负责的这个项目就是个坑，没资源、没经费。我一个做新媒体的，在公众号上做一个小活动，还得自己去谈商务合作，工作完全没办法推进！"

"嗨，别提了，我这边的情况也不好。大公司的流程太细，半个月前的合作到现在还在走流程，合同章还差一个没盖，你们说，这还怎么合作啊！"

"我最近工作也不顺，新单位的主管好像对我的工作方式不是很满意，恐怕这次过不了试用期，还得回去抱老领导的大腿。"

……

听了大家的集体吐槽，栗子突然明白：原来每一个看似风光的伙伴背后都有一大堆难题。她开始回顾自己这几个月的工作，虽然日常加班让人头痛，但是高薪和优厚福利的回报，也使得自己多了些许平衡。加上这几个月来，她还和同事们多次参加了公司的集体旅游，这也让其他朋友羡慕不已。

在竞争越来越激烈的社会氛围中，我们的工作、生活往往无法遵循内心的选择，是重薪资还是重发展？是要过得安逸还是每天加班？也许每个人都有不同的想法，生活也会给予大家不同的磨砺，但是面对生活，我们大可不必过于焦虑，因为这些事情，不是只有你一个人在经历。

02

罗珊半个月前和交往两年的男朋友分手了，失恋的痛苦让她对生活失去了热情。在负面情绪的困扰下，以前面对客户能够侃侃而谈的她，最近却在工作中频频出错。多次工作上的失误不仅使自己陷入困顿，还拖累了整个团队，为此还被主管严厉地批评了一顿。

罗珊在早晨上班途中随意地翻看朋友圈，其中大学室友甜甜晒出的孕期照片引起了她的注意。

上学那会儿，甜甜可是全班公认的美女，也是男同学们心目中的女神。

如今，甜甜已贵为人妻，过上了幸福美满的小日子。可是让罗珊妒忌的是，怀孕 7 个月的她还是如同上学期间一样美艳动人，眉梢眼角都洋溢着幸福；更让人羡慕的是，她的头一胎就是龙凤胎，当真是无数女生眼中的人生赢家。

看着照片中老同学幸福的笑容，罗珊的内心被刺痛了。想到自己刚刚分手，工作也屡屡出错，一时间情绪难以控制，在地铁上痛哭起来。

可是，生活从来都不会同情弱者，地铁站中行色匆匆的人潮渐渐将罗珊淹没，大家都匆匆开始一天的工作，没有人理会这个在地铁上哭花了妆的女孩。

后来，罗珊躲在地铁站的厕所中给主管打了个电话请假，随后回家在床上躺了一整天。但之后她并没有从悲伤的情绪中振作起来，工作依旧不顺，还被多个客户投诉。

身心俱疲的她不想再这么下去，于是萌生了离职的想法。然而在打印辞职信的时候，她又有些不舍。正在罗珊心烦意乱之时，身边的手机突然冒出了微信消息提醒，她点开一看，原来大学室友们正在组织大家一起去看怀孕的甜甜，大家都吵着要从最幸福的姐妹身上沾点喜气。

大家正你一言我一语地讨论着，甜甜突然说了一句："你们都只看到我舒服，我受的苦你们都不懂。"

原来，甜甜结婚之后就发现自己不孕，于是夫妻俩在国内寻了很多名医，各种大大小小的检查不仅折腾身体，而且到最后也没有寻得解决的方法。最后，别无他法的甜甜只能把希望寄托在试管婴儿上。

在做试管婴儿的过程中，甜甜向医生提出了想要一对龙凤胎的愿望。医生告诉她，这样会加重身体的负荷，可是她还是决定要同时孕育两个小生命。

"做试管的费用，我婆家一分钱也没有出，都是花的我父母的钱。现在 7 个月了，其他的都不想管，只想着把小孩平安生下来。"甜甜说道。

罗珊看到此处，眼前再次模糊了起来。良久，罗珊深吸了一口气，随后把刚刚准备写的辞职报告移到回收站里，然后把自己最近出错的几个项目资料打开，从头到尾细细研究。她要找出自己在项目执行的过程中，究竟出了什么问题。

生活本就不易，成人世界里总会有风雨，每个人都在自己的生活里流过汗水，咬破过嘴唇。在大多数时候，我们只看到别人最光鲜亮丽的一面，往往忽略了背后的艰辛。

03

我想，每个人的心中都有一个纯净而美好的乌托邦。那里有欢声笑语，也有亲密相拥。我们愿意为心中美好的未来而忍受如今的生活，就算是遥不可及的彼岸，我们也愿意为了它而坚韧地生活着，哪怕在平凡生活的背后自己过着不为人知的艰难的日子。

不知道你们是否也曾为了生活而倾己所有，或者现在的你依然相信远方，在贫乏的生活中追寻着那颗熠熠生辉的星光。虽然有时候看到那些比我们过得更好的人会心生羡慕，也会怀疑自己如今坚持的生活是否真的有意义。

但无论如何都请你相信，这世界上并不是只有你一个人在与生活搏斗。在星空下，会有跟你一样的人为了心中所想而拼命奋斗着，他们或许比你更加痛苦却咬牙坚持，他们或许疲惫不堪但依然不愿却步，他们和你一样不愿向生活妥协，只愿将最好的一面交给身边的人。

我们想要拥有幸福的生活，就必须不停地努力成长。也许这个过程并不容易，但是请你不要因为生活的压力而放弃了诗和远方。

有界限感，才会有好感

最近几年，很多人跟我抱怨说自己的人际关系被玩坏了，自己与他人之间的关系被弄得一地鸡毛。相信很多人都有这样的感觉：无论多么努力地想要维持一段关系，到头来却总是感觉渐渐被他人疏远。

我想这应该是他们急于求成的原因吧。人与人之间的关系之所以珍贵是因为它不能一蹴而就，哪怕亲密如母女或夫妻，彼此的交流依然需要一定的界限感，这才是大家能够健康沟通的最大前提。

人与人之间的深厚感情都是在一件件小事中累积而来的，不是一味地横冲直撞便可走进他人的心中，如此莽撞的做法很容易破坏他人对你的好感，把彼此的关系沦为鸡肋。

01

我有一个闺蜜，在结婚之前一直都像野马一样，从北半球到南半球四处游历。她曾经说过自己有一个梦想，就是在有限的生命里游历各地，见识各地的风俗人情。

结婚以后，她却变成了一个抱怨连连的小怨妇，这跟她的丈夫阿明有着莫大的关系。闺蜜跟所有普通的女生一样，没有超模的身材也没有姣好的容颜，她的择偶条件只有一个：对自己好，而阿明便是一个对她百依百顺的男人。

然而，闺蜜结婚以后对于阿明的好开始厌烦，并对此抱怨不断。我想，当一个人想要对你无微不至关怀的时候，他其实已经一厢情愿地将自己融入你的人生当中。

就像闺蜜一样，结婚以后她发现阿明对她的好已经涉及她的生活习惯。阿明要求她每天吃两种以上的水果；除了特殊节日之外，其他日子都是吃着少盐少油的食物；经常给她买各种花裙子，搞得闺蜜根本没有机会穿自己喜欢的衣服。

更加离谱的是，好几次闺蜜在参加大学舍友聚会的过程中还收到阿明亲自送来的便当，然后阿明开始与闺蜜的舍友套近乎，当着大家的面不断称赞闺蜜生活中的各种优点。

后来，闺蜜跟阿明吵了一架。她对我们几个好友吐槽，说自从结婚以后感觉对生活没有了选择权，也没有了自己的空间，仿佛生活被强迫添加了很多不属于自己的东西，这样的日子让她过得没有丝毫的安全感，也无法从中找到生活的乐趣。

其实很多所谓的“对你好”不过是想要将自己的观点强加在你的身上，并且很多时候会触碰到我们作为独立个体的一些底线。

没有人有资格以“对你好”去绑架他人的生活，所谓的付出并不是强硬地把自己融入对方的人生当中，而是自愿地将对方引入自己的生活之中，让对方能够在自己的世界里索取所需，这样的爱更加无私与真挚。

02

有这样难题的不仅闺蜜一人，在我的朋友圈子中小施也因为界限感的问题烦恼着。

小施跟闺蜜的情况相似，他与女友到了谈婚论嫁的年纪，两人到民政局领证以后过了一个多月的蜜月。回来后，小施准备收拾收拾新房，没想到当他打开房门后发现新房不知道什么时候已经被换了一个样。

原先小施跟老婆商量好了房子装修以欧美简约风为主，然而一个月后房子却变成了四处红通通的传统装修风格，贴在墙上的“福”字与竖在墙脚处的神台让小施觉得格外碍眼。最重要的是，小施跟他老婆都喜欢布艺床，而此时他们的卧室里却摆着一张红木大床，与周围的摆饰显得格格不入。

看着房间的情形，小施第一时间想到了母亲。果不其然，小施打电话确认后得知，是母亲趁他们度蜜月的时候私自给他们做了装修，看着母亲热心的“成果”，小施哭笑不得。

虽然小施也对母亲稍有责备，但母亲却觉得这样装修不错，而且还是自掏腰包给他装修，所以小施也无话可说。一方面看着原价 2 万多而且不接受退货的大床，一方面想着老婆失望的眼神，小施一时间陷入两难之地。

后来，小施的私人生活更是在母亲的干扰下变得一地鸡毛。两人上班后，母亲偷偷跑到他们的房间里收拾，结果在房间里找到了一大堆内衣裤，让两人无比难堪；明明约好了到附近的西餐厅共进晚餐，结果母亲却告诉他们自己在他们家里煮了饭；一家人其乐融融地聚在一起的时候，母亲总是喜欢在众人面前问他们什么时候要孩子……

各种各样的“入侵”使小施陷入抓狂的状态，想要跟母亲沟通吧，可她始终是自己的妈妈，给自己收拾、做饭这些事也是出于对自己的爱护，所以小施也不好开口；不说吧，却总感觉自己的生活计划不断地被母亲打乱，仿佛自己还是一个长不大的孩子一样在母亲的安排下生活。

其实，我们或多或少都会遭遇这样的问题，尤其是与上一辈之间。出现这种现象的主要原因还是在于我们与父辈之间的界限感一直处于模糊状态，所以很多时候父母会忽略彼此之间的界限感，做出许多让我们啼笑皆非的事情。

大多数家庭争吵也是源于这种界限感的模糊。我们抱怨父母处处管着自己，父母则埋怨我们事事跟他们对着干，最终出现了争吵，使得子辈闹心、父辈痛心。

其实，每个人自脱离母体后就是一个独立的个体，有着自己的想法与空间需求。无论是面对父母、伴侣还是上司，我们都希望可以在亲密接触后依然可以保留与自己独处的机会，希望生活在自己把控的前提下与身边人保持着亲密关系，这就是界限感存在的意义。

03

界限感的模糊往往导致人与人之间的关系不断恶化。在网络上闹得沸沸扬扬的“春节不愿回家”的状况中，大多数人就是由于害怕春节回家后面对三姑六婆的“灵魂质问”而拒绝回家。本来高高兴兴回家过年，却被迫接受各种花式催婚与谈论工资问题等拷问。在看似善意的询问下我们怎么也高兴不起来，毕竟不管日子过得如何都是我们辛辛苦苦建立起来的，凭什么让那些一年不见两面的亲戚打着关心的旗号去各种质疑?

在我的生活中也经常会有这样的情况发生，就像之前某位亲戚来到我家做客，恰好我当时在赶稿，于是便把接待的任务交给了我妈。但是这位亲戚一看到我以后就开始唠叨，大多数围绕着我老写这些没用的东西，还不如写写申论当个公务员之类的话。

要不是看在他是长辈的份儿上，我差点就要破口大骂。我承认，你的人生阅历的确比我丰富，可是我仅仅是缺钱，并不缺人生导师，你的那一套不一定在我身上适用，更何况我的未来难道不是应该由我自己把控吗？我选择自己的道路为什么需要经过那些一年不见一面的亲戚允许？

网上有人说过：人与人之间的交往就如两只刺猬一般，如果靠得太近就容易伤害彼此，最舒服的交往方式莫过于双方保持一定的距离，让彼此之间都存在一定的空间。因为不管关系如何亲密，保持一定的界限感才能让大家在交往中产生好感，盲目突破界限就会走到关系的尽头。

从来没有一份健康的关系需要任何人横加干涉，人与人之间的关系都是因为距离而变得美好。既然如此，我们又何必越过界限而破坏他人对自己的好感呢？

毕竟，界限感才能为你带来好感。

小心那些无处不在的负能量

在生活中，每个人都会遇到各种不如意的烦心事。很多人会选择找朋友倾诉，让身边最好的朋友与自己分担各种苦恼。这本是一件好事，然而，过多的倾诉不仅会让自己沉迷在负面情绪中不能自拔，同时也让身边的朋友感到无比厌烦，最终在无尽的负能量中越陷越深。

很多人明明对那些散播负能量的人感到厌烦，却碍于情面不得不驻足于阴霾之中，被强行灌输各种负能量，最终自己也变得闷闷不乐。其实，对于这种情况，我们与其在负能量中变得忧郁，还不如远远躲开这些负能量自带体，让心境保持着乐观阳光，享受生活中的清风拂来，微笑面对前路。

01

前阵子我把一个发小拉黑了，原因也许是我们的价值观出现分歧吧。自从她被公司辞退以后，她的头顶上仿佛一直飘浮着一朵乌云，无论遇到什么事情都能将其变得阴暗忧郁。

我发了一条朋友圈记录当天的晚餐，没想到过了几分钟竟然收到了她的“神评论”：“像咱当女人的简直两头不是人，吃好一点就整天担心自己长胖，吃得不好又对不起自己……”看了她的评论，顿时我所有美好的心情都被她带走得一干二净，看着眼前色香味俱全的美食我竟失去了胃口。

还有一次朋友聚会，恰逢当时我做的一个文案被某企业设计成广告牌挂在城市的大街小巷。大家纷纷朝我道喜，唯独她一脸愁容，叹息道：“当年我也给企业立下了汗马功劳，可是没想到咱老板翻脸不认人，一下子就把我给辞退了。据我说啊，工作还是混着过比较划算。”话音刚落，聚会的气氛顿时下降到冰点，大家都不知如何开口应对，场面安静得有些尴尬。

很多时候我们都有意无意地躲着她，可是她却仿佛丝毫不知道自己的这种性格严重影响了他人的心情。每当她遇到什么小挫折找我倾诉的时候，我的内心总是无意识地衍生出大量的负能量，那种感觉就仿佛我们走在万里无云的蓝天下，突然跑出一个人往你身上扔污泥，让人不爽到极点。

每次倾诉之后她倒是一时爽快，而我们这群倾听者的心情却变得乌云密布，仿佛有种无形的力量堵住了我们的经络一般，大量的负能量在心里憋着难受。后来她变本加厉，每日定时定点找我诉苦，仿佛将我当成了她的树洞一般。于是，我一气之下将她拉到了黑名单。当我将她拉黑了以后立马感觉生活变得阳光充沛，一股闷气从胸中散去，顿时神清气爽。

02

小时候老师总是教导我们：要懂得与朋友分担忧愁。可是当我们走入社会以后，发现身边总有那么一两个负能量自带体，他们总是耷拉着嘴，目光中充满惆怅，每每碰到身边人就开始大肆传播他们的负能量，哪怕是鸡毛蒜皮的小事亦可以被他们无限放大，朝他人大吐苦水。

我跟朋友说起这事，他们对此众说纷纭。有人认为这的确是明智之举，毕竟经常被负能量侵扰生活实属一件闹心的事，一次两次那还好说，如果长期如此将会严重影响心情与生活质量；但有的人则认为毕竟大家是朋友，拉黑人家的确是有点不近人情。

对此我想说的是，如果单纯需要我为她分担烦忧的话那么作为朋友的我必定义不容辞，然而若是将我当成她不思进取的借口的话，那么这个锅我当然不背。不难看出，那些经常自带负能量的人跟我们抱怨的无非都是一些内心的焦虑。

03

不知道大家发现了没有，那些经常抱怨的人都有一个共同点，他们不愿意去改变自己。虽然他们内心都知道这样下去不好，但是却选择向他人倾吐苦水而掩饰内心的负罪感。

就好像发小在我的朋友圈留言那次，明明是自己害怕吃多了身材不保，却非得将这种焦虑强加在我身上，难道我的回应会让你变成超模身材吗？抑或是我的沉默会成为对你好吃懒做的默认？

怕吃多了长胖的话，难道不是应该多运动保持身材吗？与伴侣的感情堕入冰点，你不会主动去将这段感情升温吗？抱怨工资低、吐槽领导低能的你们难道就不懂得跳槽吗？还是能力太低所以无法抽身？

如果说，你的负能量是因为自己能力不足，那么就应该将问题的源头放回自身，而不是将内心的焦虑与无助强加在朋友身上。毕竟很多事谁也无法帮你，唯有靠自己不断进步才能走出生活的阴霾，而不是到处散发负能量过过嘴瘾，随后依旧等待着新的问题出现，继续找到身边的朋友散发负能量。

对此，我真心想对那些习惯抱怨与散播负能量的朋友说一句：与其抱怨还不如多想想如何走出生活的泥滩，毕竟很多事情不是说说就能解决的。

愿你从容也有热血，成熟却不世故

记得临近大学毕业的时候，我对自己的未来十分忧虑，倒不是因为害怕自己在社会中无法存活，而是害怕自己走进社会以后会变得世故且狡诈，喜怒不形于色却心怀鬼胎。当时的我认为，职场与社会就是一个大染缸，身处其中难免会消耗年少的轻狂。

然而，如今的我已经在社会上打拼了好几年，心中的热血依然没有凉透，很多事情虽看透但不愿随波逐流，毕竟那份少年心气还在，社会的阅历只会让我在面对未来的时候更加从容，更加坚定。

01

说起从容，我的前上司董姐可以说是我交际圈中的佼佼者。她平日活泼开朗，跟我们部门员工经常玩在一块，但工作中的她仿佛变成了另外一个人，进入工作模式的她总能把工作完成得井井有条。

记得有一次，由于业务部门的失误，导致一个品牌宣传方案设计的单子迟了5天才交到我们手上。当时距离交稿日期还有几天，整个部门得知此事后顿时炸开了锅，有的人把矛头指向业务部，也有的人建议找到第三方公司帮忙一起把方案完成。

董姐得知后并没有像其他员工一般手足无措，她花了20分钟时间了解方案要求的大致内容，之后立马找来部门员工开会，并将创作流程细分成许多部分后给每一个人下达任务。

奇怪的是，在董姐的带领下，我们并没有经历想象中的加班熬夜，而是在每日明确的目标下完成自己的任务，有序的任务使我们在工作中更加流畅。反倒是董姐那几天一直奔波于各部门，忙于衔接方案落实，好几天都在公司睡的觉。

几天后，我们部门几人终于将方案完成，并落实了方案中提及的细则，为方案能够随时实行做好了准备。当看到一套完整的方案在几天内完成，我还是有一点不可思议的感觉。

当业务部门告诉我们方案一次性通过的时候，整个部门顿时沸腾了起来。一旁的董姐仿佛松了一口气，卸下不苟言笑的冷傲，朝着大伙吼了一嗓子，最后大家纷纷击掌庆祝。

在大家都不知所措的时候，董姐能够挺身而出并且完成了工作任务，那种从容淡定中透露着她对项目的把控能力以及对团队的信任。当任务完成了以后，她立马变回一个小女孩，为成功而喜悦狂欢，把原本枯燥乏味的工作变得热血沸腾。

02

跟董姐熟络起来后，她跟我们讲了曾经的故事。

年轻时的董姐曾经被学校派到德国当交换生。董姐的家人十分反对，说是女孩子随便找个工作养活自己就可以了，太要强的女生在社会上不吃香。但董姐不顾家人的反对，甚至不惜以与父母闹僵为代价，独自前往德国拜仁读研进修。

由于没有家庭经济的支撑，董姐在课余时间只能不断兼职维持生计。当时年少青涩的她对社会一无所知，当她去当咨客被老板要求换上高跟鞋与短裙的时候，脑子里还想着自己是不是误入了某些色情传销组织。

董姐告诉我们，她永远记得第一次穿高跟鞋时的狼狈样，每次挪步都伴随着脚趾头锥心的痛，但她咬牙坚持了下来，并逐渐开始习惯社会上的生活。后来，她学会了怎样引导客户购买产品，也学会了如何激发客户的购买冲动。董姐在短短一年的时间里从一个不谙世事的小姑娘成为一名销售圈子里的有为青年。

董姐留学回国后与朋友加盟了一家净水器连锁店。在净水器热销的几年时间里，董姐一举成为职场上的女强人，并在此赚到了人生中的第一桶金。后来随着净水器市场的没落，董姐与朋友都退出了加盟，但她的能力深受身边人的赞赏，于是就来到了这里管理宣传创作工作。

听了董姐的故事，有同事问她是否会怀念当时那段青葱的时光，董姐只是微微一笑，说："我现在难道就不青葱吗？你们或许会觉得我在职场上混了那么多年，一定是一个心怀鬼胎的世故老妖精。其实我心里依然住着那个真实的自己，她对我而言无比珍贵，所以我才不得不将她藏起来，好让我能够伴随着她一起成长。"

随着时光的推移，我们也许会变得成熟，面对问题的时候会更加从容不迫，但这并不代表我们会成为社会上随波逐流的一员。有的人正是因为珍惜心里面真正的自己才选择让自己更加强大，有足够的能力去保护那个单纯而美好的自我。

世故是一种选择，时间与经历让我们懂得世故，但是否真的要放弃真正的自我而去选择讨好世界的规则，这道选择题由你而定。

03

时间从来不会使我们变成自己曾经最讨厌的人。真正让我们变得世故、变得讨厌的只有我们自己，是我们对世界的妥协把自己变得世故而奸诈，时间与经历给予我们的仅有成熟与从容。

面对困难时的从容不迫使我们时刻感受到手握成功的命脉，而不是如同少年般横冲直撞，生猛而鲁莽。在面对诱惑时，我们有足够的底气去拒绝诱惑，也懂得自己真正的想法。这才是不世故的秘密，也是时光带给我们的厚礼。

也许，在生活的压力下，我们心里的那份少年心气早已奄奄一息。然而不管怎样，我希望每一个人都能用尽全力去保护内心的那份真实，杜绝向生活妥协。毕竟看着真实的自己一步步走向成熟，一次次从容迈过困阻难道不比世故奸诈地去立足于社会更有意思吗？

愿你前路风景如画，一路高歌，既可从容又不失热血，既知世故而又不世故。

第六部分
谁不是在负重前行中，寻找新的希望

你没那么坚强，但只能独自坚强

毕业之前，我从来没想过自己会变成这样的人：一个人在异乡打拼，依靠微薄的工资度日，就连周末也窝在家里加班学习。竞争激烈的社会环境让我不敢停下脚步，哪怕有一点属于自己的空余时间也必须用于学习，确保自己在职场上还有点点的竞争力……

从前在学校的时候，总是有一腔热血无处发泄，感觉生活中的种种困扰都无法阻挡我前进的脚步，大不了与生活拼个筋疲力尽。长大以后才发现，所谓的生活压力并不是某一波强烈冲击，而是渗透于漫长岁月中的消磨。

面对生活对我们的磨耗，我们只能独自前行，寻觅属于自己的小幸福。

01

我曾经去川藏交界地带旅游，其中有很长的一段时间我居住于四川省丹巴县。虽然与成都只有几个小时的车程，但它却远远不如成都发达。

丹巴县四面环山，大多数居民都居住在山上。本着入乡随俗的想法，我和一众好友亦在山上找了一家民宿入住。在山上，我认识了一个 10 岁的小孩小西。

我和小西是在民宿的大院里认识的。那时候正值黄昏，他抱着一本已经没有封面的书籍借着微弱的阳光阅读着。我看他如此认真便不忍心打扰，从他身边默默走过。没走几步，小西叫住了我，向我询问书中陌生字的含义，我们就此闲聊起来。看他白天总是给民宿清理、叠被，偶尔还利用闲余时间阅读，我还以为小西是店家的儿子。然而当我跟他聊起来以后才知道，原来他只是店里的一个小小童工。

小西告诉我，他的父母由于长期在省外工作，他只能与年迈的爷爷一同生活。前几年爷爷不幸中风，家里的起居饮食便只能由小西负责。目前，小西面临的是没有生活费的问题，因为父母给他寄来的生活费都用来给爷爷治病了，所以他和爷爷在往后的日子里连吃饭都成了难题。

为了省下生活费，小西只能选择辍学，利用白天的时间给店家打理民宿赚一些饭钱。某次经过学校门口的时候看到一本被弃置的教材，小西顿觉如获至宝，每每空闲的时候便拿来阅读。

我仔细打量着眼前的孩子，只见他脸庞黝黑，手指关节粗大，指甲中藏着各种尘垢，看上去一点都不像是一个孩子。

看着小西埋头苦读的样子，我的心里不由得一阵抽搐。斜阳下，他的身影被拉得很长，看上去就像是一个小大人在手不释卷地阅读。本应无忧无虑的年纪，却被生活开了一个那么大的玩笑。面对生活的无情，他却只能挺起幼嫩的胸膛，背负着家与未来蹒跚前行。

在此之前，我从来没有想过一个小小的孩子竟然能够如此坚强，或者说，小西让我对坚强有了全新的定义。在城市里，我们认为上学不哭的孩子叫作坚强，打针不闹的孩子叫作坚强，长大后受到了委屈默默承受也叫作坚强……

在那个时候我才知道，生活的挫折从来不是一记重击，而是会化作无数难题藏在悠长的岁月中。只有独自默默挑起生活的重担勇敢前行，才是真正的坚强。

02

我在乡下有一个小叔，由于他的父亲将近不惑之年才生下他，因此他的童年一直都受尽宠爱。前几年，他刚好大学毕业，对未来一腔热血的他执意前往上海发展，而在此之前他除了城里之外，基本连省都没有出过。

叔公出于担心说什么也不让他到上海发展，可是小叔却坚持要去闯一闯才甘心。叔公无计可施，找到了父亲与爷爷去给小叔做思想工作，但始终也说不过去意已决的小叔。

几年后，我从父亲的交谈中得知，小叔现在已经在上海站稳了脚，勉强能够生活下去。有一次，我被公司派去上海学习，恰好住的地方与小叔租的房子相隔不远，于是我便联系了小叔，并到他的出租屋处叙叙旧。

到了他的住所我才知道，原来父亲所说的勉强能够生活下去，就是指一间不足10平方米的小房加上几箱面饼。眼前的小叔看上去已经没有几年前在家时的那份稚气，举手投足间反而散发着一股阳光拼搏的朝气。

小叔告诉我，自从来了上海之后才知道生活竟然如此艰苦。初到上海的他当过搬砖工也当过保安，存够钱考了车牌后他又成了一名快递员。在几个月前，他辞掉了工作，到了一家金融机构当助理，虽然薪水只够他勉强生活，可是我从他的脸上却看到了无比的满足。

“虽然这几年暂时还没能赚到钱，可是怎么说也算是进了金融行业，最起码我当年吹过的牛已经实现了。”小叔一脸得意地向我讲起了初来上海时的往事。

他说起往事时虽然轻描淡写，但我心里明白一个没有专业技术的乡下人孤身一人来到上海，并且在此打拼了几年，他所经历的痛苦是我们没有经历过在北上广打拼的人难以理解的。

然而，看着小叔一脸得意的样子，我一点都不为他的将来担心，毕竟他在这里找到了属于他的小天地。这个小天地让他从娇生惯养的白面少爷变成了真正的男子汉。我从来没有想过他能如此坚强，凭借一股韧劲在上海打拼了那么多年。

也许，在我们躺在沙发上的时候，他还在快递公司里没日没夜地加班，为的就是明天早餐能够多加一个鸡蛋；也许当我们抱怨工作枯燥的时候，他却独自搬着一大堆货物，为这座城市的发展添砖加瓦；也许当我们约上三五好友齐聚一堂的时候，他正独自在月光下想念着家乡，幻想着未来。

也许，他从来没有想过自己会如此坚强，但是现实的残酷使他不得不在这座陌生的城市里奋斗，独自坚强前行。

03

虽然我们不是每个人都有在北上广打拼的经历，但在成长中我们的确从不同的环境里学会了坚强。

当夜深人静的时候，我们是否会想起自己这些年来的变化。也许当年的我们从来没有想过自己会变得如此坚强，在生活的路上孤独地努力着。可能正是因为我们身后空无一人，所以在一次又一次的挫折中才学会了独立前行。而这些让人惊讶的改变，正是我们成长的最好证明。

雏鹰必须经历无数次摔倒才能学会飞翔，野草必须独自抵抗风雨才能遍地生长。在充满疲惫的生活中，每个人都是蹒跚前行着，他们或许风光无限，或许疲惫不堪，但无论怎样，他们始终为了走向更好的未来而坚定前行着，这就是坚强的意义。

也许你从来没有想过自己能够这么坚强，只要前方还有一丝光明，请不要犹豫，继续往前，哪怕身后空无一人，你也必须学会独自坚强，因为那是到达美好未来的唯一途径。

喜欢一个人之前，你要喜欢一个人的生活

最近几天我翻了下朋友圈，发现大家好似约好了一样在呼唤丘比特的降临。有的朋友写道：“我想我单身是因为大家都以为我有男朋友。在这我重申一遍，我单身但一点都不骄傲！”还有人写道：“又到了万物生长的季节，多想有一个人陪我去看花开花落啊！”

我想了一下，发现在朋友圈中呼唤爱情的朋友都有一个共同点——他们在字里行间无一不是透露着寂寞的味道。难道说就是因为寂寞我们才渴望爱情吗？是不是两个人的寂寞可以变成一个家的狂欢？

我想，在爱情来临之前，我们更应该去管理好自己的生活，毕竟一个人对生活的热爱是可以从气质上展现出来的。那些让

人着迷的阳光、乐观便是热爱生活所带来的附属品。真正美好的爱情就如网上的那句话：“没有你我也可以过得很好，但是有你在场的话会更好。”

01

作为朋友圈子里的大龄剩女，阿芳被催婚与被相亲的经历多得可以让我写成一本书。30 岁出头的阿芳，温柔娴熟，谈吐有度，皮肤水嫩，看上去与 20 多岁的小姑娘无异，但奇怪的是与她相识多年都未曾见她有男朋友。按她的话来说，她在等待一个值得让她托付终身的人。

也许是长期单身的缘故，阿芳有着各种各样的爱好兴趣，无论是枯燥的小众语言或是当下热门的烘焙技术，阿芳都有所涉及。然而，虽然阿芳的生活过得无比充实，但在她的父母眼中，一直单身的阿芳就是一个不愿结婚的高龄剩女。

很多时候，阿芳都跟我们抱怨父母的迂腐，虽然我们表面上附和着，但心里还是为阿芳的终身大事着急。好几次我们聚会的时候都有意无意地给阿芳介绍男生，可每次阿芳都能完美地躲过我们的好意。

有一次，朋友想要给阿芳介绍男友，被她一口回绝。也许是面子的原因，朋友被拒后说了一句：“现在还不开始着急呀，都 30 岁出头了。”

话音刚落，周围都安静了下来。阿芳也不急于反驳，只是淡淡地说了一句："我觉得一个人也不错，为什么非要现在给自己找一个不喜欢的人呢?"

后来，阿芳辞职开始她的旅行家之旅。沿途上，阿芳认识了很多朋友，从她的朋友圈里总能看到灿烂的笑容。一年后，阿芳带着她的男友回国办理结婚手续。此时的阿芳虽不如小女孩般青涩水嫩，甚至因为长期走在路上而使面容变得黝黑，但不可置疑的是，她那灿烂的笑容告诉我们，她身边的那位帅小伙便是她等待了 30 多年的真命天子。

感情这事就是如此，旁人急不可耐的时候，当事人往往不慌不忙。因为他们知道与其将就着把自己交给一个陌生人，还不如把自己的生活变得更加丰富，在悠然自得间等待属于自己的爱情。

02

我有一个朋友叫圈圈，她虽然比我们小几岁，可是她的恋爱经验却远远高于我们几个朋友。走马观花的恋爱以及不胜枚举的恋爱经验使她自称"恋爱小公主"。

然而，在飞速发展的生活里，圈圈的生活也变得无比凌乱。长期沉迷于每一段恋爱的圈圈变得无心工作，晚上熬夜聊天约会使她的精神状态经常处于一种濒临崩溃的状态。后来，在工作上频频出错的圈圈，被老板劝退回了家。

可是这也无碍于圈圈继续她的恋爱之旅。在那段日子中，圈圈依然与她的男朋友混在一起，生活费没了她就寻思着找她的男朋友要，房租交不起了就搬到了男朋友的家里，过上了寄人篱下的生活。渐渐地圈圈把自己的生活完完全全交给了她的男友。

后来，两人由于各种生活细节而吵架，圈圈虽然每次都想出走却碍于自己一无工作二无地方住，因此只能妥协忍让，忍受着没日没夜的争吵。虽然圈圈甘于退让，但男朋友却不这么认为，几次吵闹以后，男朋友把圈圈赶出了家门，一时之间圈圈只能投靠我们一众好友。

也许爱情是美好生活不可缺少的部分，却并不代表我们可以忽略生活的现实而不顾一切地去追求爱情。自私点说就是每一份感情都有着不可预知的未来，它不像是亲情般与生俱来，那份曾经让你无比甜蜜的爱情或许有一天会成为使你急于逃脱的围城。在拥有爱情之前，我们不妨先经营好自己的人生，也许对生活从容的你会吸引更好的人与你相拥。

最好的爱情始终是由两个成熟的人相结合而成，因为有着各自的追求与骄傲，所以不会过于依赖对方的生活，也不会过分索求与馈赠。也许相敬如宾说的正是这样的爱情。

03

我知道生活在不同轨迹的你们都在期待着美好而浪漫的爱情，然而爱情并不能呼之则来，而是在你不自知的瞬间逐渐衍生。在此之前，希望你能够保管好自己，哪怕孤身一人，依然热爱着生活，相信着未来。

阿芳在婚礼上说：“在我之前的人生里，我始终坚信在未来会有一个人一直等待着我的到来，也许他还在遥远的前方，可是我对未来有耐心，同时也对他有信心。虽然过程中我也曾经无比焦虑与期盼，但始终相信在将来的某个时候我们会在各自美好的瞬间不期而遇。所以在没有遇到他之前，我一直为他好好地保管自己，把生活变得更加美好，为的只是能够让自己在最好的状态下与他相遇。”

相信我，将来你或许会喜欢上一个人，但在此之前你不妨先学会喜欢一个人的生活。

耐得住寂寞，才守得住繁华

在我看来，人生的道路就如旅途，有的人会陪你赏一段美好的风光，但大部分时间都是一个人在路上。或许有的人会选择不断参加各种活动，想着以抱团的方式度过寂寞的时光，殊不知，那些与自己独处的时光都是我们生命中最珍贵的时刻。

我们无须恐惧寂寞，因为只有经历过寂寞的夜晚，才会珍惜繁华的可贵；只有经过寂寞的洗礼，才能在繁华面前处变不惊，感受生活赐予的厚礼。

01

说起寂寞，在我的生命中无非是写作一事。有的人认为写作不过是敲敲键盘写写书，但我可以负责任地告诉大家，一位文字工作者的工作不仅是表面上的写字，而且还要忍受各种寂寞，在空无一人的深夜中与自己对话。

有一次，我有幸与一位公众号运营者小六聊天。小六作为公众号红利期的受益者，在短短一年里把自己的收入翻了几倍，他的公众号也受到了大多数青年的青睐。我们从文学一直聊到文字传播的范畴，他的言行举止无一不透露着他对文字的热爱。

后来，我跟他说起像我们这样的十八线文字工作者的烦忧：有一份与文字有关的正职，并且利用业余时间去提升自己的文字表达能力，每个夜晚都在文字创作中度过，但始终没有达到自己想要的高度。随着文字红利期逐渐远去，我们这些不入流的文字工作者逐渐感到焦虑，并且开始质疑坚持的意义。

听了我的话以后，小六寻思良久才深吸了口气，说："从来不存在什么红利期，每个时代都有不同的文字工作者，他们之所以能够以文字谋生，并不是时代的影响，而是因为他们一直坚持着。"

小六的话让我顿时想通了不少，我们对前路感到迷茫与质疑，难道真的是因为写作的红利期即将过去吗？抑或是因为我们再也不愿意忍受那份无处不在的寂寞而找的借口？我们无法忍受大家都在狂欢的时候我们却在电脑面前码字，也无法忍受大部分人都在睡梦中的时候我们依然挑灯夜读，最无法忍受的是在不断坚持的道路上我们依然没有看到希望。

也许有人会觉得我们浮躁，也会觉得我们急功近利，但不可否认的是，每一个创作者都愿意让自己的作品公之于世，受到大家的青睐。而这样的梦想却在日复一日的枯燥与寂寞中变得遥遥无期。

这让我想起了有一些杂志社找我约稿，有的编辑告诉我由于纸媒竞争越发激烈，因此稿费会有所降低。每每这个时候，我都告诉他们说自己并不十分在意稿费多少，反而更加在意大家认同与否。

看吧，每一个寂寞的夜晚我们向往着的却是繁华的世界。没有人不喜欢高朋满座，然而我们却清楚地知道，人与人之间的关系大多都是需要通过价值去维系的，唯有做好了自己才能吸引更多的人前来聚首。

也许这就是为了守候繁华而必须经历的寂寞时光。

02

如今，全民写作的风气仿佛已经随着时间的推移而逐渐减弱，许多写作者纷纷转投别的行业，那些依然坚持阵地的作者也面临着收入减少的危机，二八定律开始出现在写作圈内。

前几天，我在本土文联聚会中遇到小六，其间我走到他身边聊起了最近的行业走向，然而小六对此却一无所知。当我告诉他行业内大部分作者由于行业趋势而转投其他行业时，小六则一脸意料之中的样子。

“这个行业不是一直都人来人往吗？他们觉得自己写作的收入减少是因为行业趋势的问题，可是我觉得那难道不是专业水平不足而被行业筛选掉的吗？到现在以写作为生的人依然有那么多，而且比起以前多了好几倍，总不能说行业趋势不好吧。”

小六告诉我，其实他的公众号收益亦逐渐下降，但是他的收入却有增无减，越来越多的企业找他撰写社科书籍，本土的一些商业名人也找他撰写传记。别看这类型的文字属于商业范畴，但大多数公众号运营者根本无法撰写，小六却能够做到尽善尽美，在圈子里更是赢得了一定的名气。

按小六所说，这完全得益于他曾经对各类文体都有过一定的钻研。在刚开始写作的时候，小六曾经撰写过网文，也尝试过给纸媒投稿。一开始的收益实在难以维持生活，于是小六开始从事各种代写业务，无论是公文写作还是演讲稿、小品等各类文体都得心应手。如今，他已经完全不惧行业的优化与改革。

小六告诉我，刚开始的时候他也是一个十足的“愣头青”，没有过人的天赋也没有丰富的资源，唯有那股永不言弃的拼劲使他不断地学习与尝试。有时候看着自己手中的任务以及那远远未达标的字数时，小六亦会感到无比烦恼。

小六的坚持最终迎来了一些编辑的青睐，逐渐成为圈子里劳模级别的写手。正如小六跟我说的那样：“我从来不觉得我的文字要比同行好，毕竟山外有山，行业里比我厉害的人有很多，而我能够靠文字生存到现在，依靠的是责任与用心，是每一个与寂寞搏斗的夜晚。”

仔细想想，小六这些年来的坚持的确让我等写手汗颜。雷打不动的万字写作是他每日的工作任务，而且重要的是，任务没完成的情况下小六绝不出门，这也是为什么他能够在行业里混成了劳模，那么多人愿意与他合作。

毕竟，能够抵抗寂寞的人就像是一支强心剂，给人安稳踏实的信心。只有经历过寂寞的人才懂得信任的可贵，才有资格守住繁华。

每个人终究要学会独自长大

年轻的时候，身边总是围绕着一群好友，感到寂寞时可以随时呼唤出一群狐朋狗友一同消遣，排遣寂寞。但是随着年龄的增长，身边的好友仿佛都有了自己的生活，而我们曾经引以为傲的高朋满座早已成了过去，如今的我们总是孤身一人看云卷云舒，独自徘徊，笑对残阳如血……

有人问，长大以后的我们是不是总是如此寂寞？也许吧，但这不是每个人都需要面对的成长吗？开始时，路上有各种各样的人相伴，后来大家渐行渐远，到最后只剩自己独自面对前路，是苦是甜都必须自己面对。

01

曾经我对未来感到无比的焦虑，尤其是刚毕业时，身无长物的我经常会找各种各样的成功学埋首其中，希望能够从中习得一招半式称霸职场。后来，我把个人的焦虑直接传播到大学的宿舍群里，并且建议大家一起互相监督学习。

一开始大家都不以为然，但在我的软磨硬泡下大家好歹是答应了我的要求。但是事情的结果跟之前所有的相互监督一样，很快大家就对此失去了热情，唯独留下我一人在坚持着啃各种职场书籍。

对于舍友们的离场，我从开始的抱怨到逐渐释怀，其实每个人都有自己追求的生活。小释喜欢过优哉游哉的生活，她才不管什么职场成功学，她只希望每天能够吃到好吃的就足够了；而晓琳则喜欢捣鼓她那些西洋乐器，作为一个无须到岗上班的乐器老师，她自然也对职场成功学没啥兴趣。

有人说，大学毕业既是学生生涯的结束，也是人生竞赛的起步。在毕业之前，我们可以一同为了考取证书而奋斗，一起看遍校园繁花落地，但毕业以后你我都有各自的路要走。也许这无关时光匆匆，也无关情怀易散，那不过是因为你我本来就选择了不同的道路前行，能一起起跑已经是莫大的缘分。

眼前的路总需要一个人孤身前行，也许会孤独，也许会无助，但谁让你的路如此独一无二呢？虽然我们到最后会殊途同归，但是在此之前，没有人会走相同的路，你只有学着面对孤独才能在继续前行的路上保持最美的姿态。

02

有一段时间，我由于工作长期透支身体而患了病，医生要求我必须辞掉工作在家里休息。一开始同事们还通过微信对我嘘寒问暖，后来大家也都各忙各的纷纷下线。

一个人在家中的时候最喜欢胡思乱想。这些年来我像是一个贪婪的妇人，不断地去索取身边能够得到的东西，从文案到公文写作等均有涉及，但是到头来却熬坏了身体而一无所获。

想着当时与我一同学习小说创作的小伙伴们都已经寻获了自己的发展方向，而我却病倒在家。看似从文多年却一篇能拿得出手的文章都没有。看着周围的伙伴们已经朝着自己的方向不断努力着，我心里不禁一阵无奈。

后来，我找到了一位前辈倾诉。当他知道了我的苦恼以后，跟我说了一句话让我茅塞顿开，他说："谁年轻时不曾走过弯路啊，但不是每个人都有勇气走回正路上。如果你愿意回到梦想开始的地方，那么我赠你一句：千里之行，始于足下！"

自那天起，我开始阅读各国名著，每天早起背诵散文，希望能够在短期内将语感重新塑造起来，同时，练笔也成为我每日必做的任务之一。在充实的基本练习下，我不再迷茫，也不再郁郁寡欢，更不会遭到孤独的折磨。

那段时间，我在家里独自阅读、书写将近 3 个月的时间。身体痊愈以后我开始了新的工作，作品也逐渐登上了各大媒体。身边的文友觉得我近几个月来进步神速，就连我自己也惊讶于自己的变化。

我们在离开校园以后还会依附曾经的好友，然而你应该知道的是当你离开校园的一刹那他们已经不再是你的全部。不是彼此的友谊淡了，而是你已经开始面对更大的空间。曾经被你看作是全部的那些人和事如今只能成为你生活中的一小部分，因为现在的你已经拥有了面对整个世界的资格。

没有人知道你未来的路是要通往何方，一切苦与甜都必须自己感受。在追梦的道路上，我们也许会遇到不同的过客，但最后通往终点的只有我们自己。所以在刚步入社会的时候，我们需要懂得如何独自长大，因为没有人能够帮助你成为独一无二的自己。

03

有些人喜欢在各种交谈会上侃侃而谈，他们管这叫学习。当然，偶尔交谈会让我们感受到不同的人所处的世界维度，但如果将人生的经历都交托给一次次浮于表面的对话以及喧嚣的社交，那么你的成长速度必定会大大减缓。

就像有的人看过无数恋爱小说，却无法谈一场长久的恋爱；有的人金融硕士出身，却依然比不上一个身经百战的老股民；有的人高朋满座，但到了重要关头还是比不上一个专业的技术人员……

也许你觉得独自成长的过程太过孤独与无助，但没有办法，成长是一件私人的事情。虽然可以从他人的成长中吸取营养，但真正的成长还需要亲自经历。唯有亲身经历才能让人生变得更加丰盈。

网络上有一句话我十分喜欢：不念过去，不畏将来。过去的喧嚣已经成为回忆，每个人都踏上了属于自己的旅程，而我们也应该勇于走向专属于自己的道路，让沿途的风景丰富我们的内心，让一路的奔跑强壮我们的臂膀。

不用害怕独自前行，每个人都会有独自前行的时刻。在这个喧嚣的世界中，我们终究要学着自己长大。

谁的生活不是一边“丧”着一边燃着

“如果能够回到童年该多好！”

这是我们身边经常出现的一句感叹。自从步入社会以后，我们仿佛失去了越来越多的快乐。很多困难都需要我们独自面对，工作上的苦恼使我们无法肆意前行，生活中的琐碎让我们抓狂不已，人与人的关系将我们带到彷徨与无助间……渐渐地，我们再也不是那个无忧无虑的少年，“丧”成了生活中不可逃避的一部分。

虽然如此，但在我们心中依然有着一团小小的火焰。阳光明媚的明天依然值得我们去相信，哪怕是一边“丧”着一边燃着，伤痕累累的我们依然义无反顾地朝明天进发。

01

晓露遭遇了人生中最灰暗的一段时期，被公司辞退，最疼爱她的爷爷病重，相恋 8 年的男友劈腿，这些在电视剧中才出现的狗血剧情一次全出现在她的生活当中。生活的残酷让这个活泼上进的小姑娘一下子变成了一个满面愁容的人。

晓露的生活一下子乱了套，不仅每天要到医院照顾爷爷，同时由于面临经济危机，她还需要每天跑好几个地方做咨客、派单员等兼职维持生活。几周下来，晓露整个人瘦了一大圈。好几次在朋友圈看到她抱怨世事的不公，都能隐约感受到她的心酸。

在朋友圈评论下方我看到有的朋友劝她坚强起来，不要把生活过得那么“丧”。虽然这是一句鼓励的话，可是我却感到无比的碍眼。我们都无法做到跟别人感同身受，也无法感受到晓露如今在正经受的沉重打击。

也许对于晓露而言，朋友圈那简短的文字就是她唯一的宣泄口。在疲惫的生活中强撑了那么久，“丧”一下又怎么了?

后来，晓露找到了我，她说爷爷的病已经开始稳定，并说爷爷以前最喜欢看“三言二拍”，她想找我借这几本书，好让自己能给爷爷读书解闷。于是，我便拿着书送到病房中。

初入病房碰到晓露时，我甚至有点认不出她来，皮肤泛黄且骨瘦如柴的她此时正细心地给爷爷喂食。看我到来，她那疲惫的脸上努力挤出了一丝微笑。在她身旁，我看到一堆散落在地的手工艺品，想必是晓露为了贴补生活而接下来的私活。

晓露忙完手上的活以后拉我到走廊，两人一路沉默步行至走廊尽头，本想开口安慰几句来打破沉默，可话才到嘴边就化成了一声叹气。晓露仿佛早就看穿我的心思，说："其实你不用安慰我，我这不好着吗？你看，爷爷的身体越来越好，而我现在干点兼职也算是能活得下来啊。虽然生活是累点苦点，可是我相信明天一定会过得更好的。"

看着晓露的笑容，我不禁感叹原来她有这么坚强的一面。其实每个人都在生活的压力下蹒跚前行，因为不甘被生活压垮，只得奋力前行。

也许前路会荆棘密布，又或许生活的压力早早把我们压弯了腰，身心疲惫的我们眼看就要在浓雾中倒下，可是对未来的一丝期盼使我们在阴霾中焕发出新的希望。是的，很多时候我们都很"丧"，对生活的无能为力让我们手足无措，但是该面对的我们绝不会逃避，该奋斗的也绝不会慵懒，因为生活残酷，未来始终是我们唯一的追求。

02

前一阵子，我们部门接到了一个订单，由于时间紧迫，连续几天我们都在加班中度过。每天听着鸡鸣上班、追着末班地铁下班的生活让我们都感到无比疲惫。

小肥是我在项目上的搭档，每天加完班以后我们都搭乘同一班地铁回家。某天晚上，由于项目经费出现了问题，整个项目一下子变成临近搁浅的状态，重要的是忙活了那么多天，即将到手的加班费恐怕也随着项目的搁浅不翼而飞。

也许一个人被负面情绪影响的时候会变得特别敏感，当天晚上上了末班地铁以后，仿佛周遭的人都跟我们一样被生活的压力压得直不起腰。一旁的小姐姐面容青涩，可此时的她却不得不把脚上的高跟鞋脱下来，使劲地揉着脚；对面的大叔一脸疲惫，此时正解开领带好让脖子透透气；身旁的工人蓬头垢面，身上的工作服沾满了油漆……

整节车厢都恍如沉浸在疲惫中，一旁的小肥叹气连连，跟我说起了自己的苦恼：头发一把一把地掉，毕业时本是一头茂密的头发，短短几年间已经变成了传说中的秃顶，就连女朋友也忍受不了他满头油光离他而去；明明已经把所有的时间都用于工作，可是自己的存款依然没有超过三位数；在学校的时候，一个月几百块钱已经活得无比开心，可步入社会以后才发现，每个月到手的几千块只能勉强解决基本的生活开销。

看着小肥满面愁容的样子，我不禁为他感到无奈，毕竟从农村走来的他凭借着自己的能力立足在这座充满疲惫的城市中实属难得。我想起了他平日在公司里活跃表现的样子，没想到在我们眼中无比乐天的他背后也有如此多的烦恼。也许正是生活的压力使他不得不通过在职场上活跃来表现自己，又或者他乐于在工作中寻回那个上进的自己。

我记得小肥在刚入职的时候说过，自己的梦想是成为一名优秀的广告人。庆幸的是，随着时间的推移，他依然在这个高强度的行业中坚持着自己的英雄梦想。哪怕在午夜梦回的时候想起生活的种种不公也好，为了虚无缥缈的未来而痛哭流涕也罢，当窗外的第一缕阳光照进来时，我们总能以全新的自己去迎接新一天的工作。

毕竟在世界上有一种“英雄主义”叫作：见过了生活的种种残酷，依然一往无前。

03

我喜欢在空闲的时候看着街上的人来人往，有的人西装革履行色匆匆，仿佛在人流中追赶时间；有的人手持电话边走边讲，讲到激动处更是眉头紧锁；有的人忧心忡忡，叹气连连……

我想，在这座城市里，没有谁的生活过得不疲惫。正如我的好友曾经跟我说过的一样：“不要给我说什么健身读书，我每天下班回家以后就想睡觉！不然第二天上班我燃不起来！”

是啊！生活就像是呼吸一般，一呼一吸才能保持通畅。在高强度的工作之后，我们没有力气去做那些看似有用的事，因为一直燃下去的生活必定使我们筋疲力尽，所以我们需要放空自己，在看似无比“丧”的生活中取悦那个早已筋疲力尽的自己。我们抛开生活中所有的琐碎去放肆地吃、放肆地睡、放肆地玩，然后把身心放松的自己交给明天，把精力与激情交托给工作，毕竟那是我们活下去的物质支柱，也是我们在支离破碎的梦想中找寻自己的唯一途径。

如果现在的你正为了生活而疲惫不堪，那么请不要自暴自弃。每个看似风光的人背后都有无比抓狂的时候。在疲惫时，我们不妨学会放空自己，尝试着与自己好好相处，尝试着取悦自己，休息以后再踏上奋斗的旅途。

不必羡慕他人的体面，也不必为了自己的狼狈而妄自菲薄。毕竟，谁不是在负重前行中寻找新的希望。

疲倦不是离场的信号，而是加码的良机

“如果在事业中有一次重来的机会，你会回到哪一个节点去改变你的人生?”

在我的一个微信群里有人问出这样的问题。看到问题的一刹那，我以为很多人会选择回到起点走不一样的道路，然而大家回答的结果却让我大吃一惊，基本所有人都愿意回到最艰苦的那段时期，因为正是他们当时的慵懒与疲惫使他们放弃了良机。如果可以的话，他们都愿意回到过去选择再坚持一下。

其实在生活的大染缸中，谁都会感到疲倦，然而人与人之间的差距便是从对待疲倦的态度开始。毕竟在有些人看来，疲倦从来不是离场的信号，而是加码超越他人的良机。

01

几年前，好友鹏哥邀请我参与经营他的工作室。其工作室与本土多名讲师合作，平日以四处演讲挣取演讲费为利润。鉴于当时工作室缺乏一个撰写演讲稿的写手，因此鹏哥找到了我，希望我能在工作室全职工作，并且随着讲师四处演讲。

虽然鹏哥开出的条件十分诱人，但我一想到如今演讲工作室遍布，要在行业中发展就必须每时每刻都准备着工作，哪怕是远在千里之外的城市，在演讲费足够的情况下我们也必须飞去演讲。这样的生活虽然看上去乐趣多多能够四处“旅行”，可实际上却是无比糟糕。

每年基本有一半时间都在全国各地奔跑，无暇顾及生活等原因让我望而生畏。虽然我心里依然有着宏图大志，但这样一直疲于奔命的工作实在是让人吃不消。于是，我拒绝了鹏哥，选择待在家里当一名撰稿人。

后来，鹏哥的工作室越做越大。如今他们的团队已经不用四处奔波，本土的演讲已经足够维持他们工作室一年的开支。看着鹏哥从一名“三无”青年化身为坐拥两套房的高富帅，我后悔当初为何不肯咬牙尝试。

一次，我在咖啡厅遇到鹏哥，两人寒暄片刻以后说起了他的工作室。他告诉我，工作室在起步的时候的确十分艰难，大家对于长期拼命工作也颇有怨言，好几个优秀的讲师更是因此离职。但鹏哥没有放弃，他把最后的积蓄拿出来当作奖金，激励员工继续前进。

当时我们没有人看好鹏哥的工作室，因为那时演讲的风气已经趋于平淡，员工们也都开始斗志低落，所以大部分人都认为离场才是最好的选择。

然而，工作室的后续发展让我们所有人都大跌眼镜。由于市场上大部分的工作室都选择了离场，鹏哥的工作室反而赢得了更多的机会，甚至连部分政府机构都找他们去进行业务培训。

在短短几年间，工作室赢得了一些名气与口碑，本土业务量逐渐上升。如今，鹏哥已经注册了公司，成为公司的负责人。

“老实讲，如果非得说我们的优势的话，我想我们应该赢在了疲惫的时候没有放弃，而是选择加码前行。”鹏哥告诉我，一开始与他竞争的那些对手如今基本已经消失在市场上。他们没有熬过那段艰辛的日子，在疲惫中选择了离场，唯有鹏哥选择加码前行，最终为工作室迎来了良好的发展机遇。

我想，现在的鹏哥一定很感谢当时的自己，正是这种坚持让他战胜了大部分竞争对手，成为最后的赢家。如果我们把目光放在更加遥远的将来，我想一定能看到将来的自己对现在的坚持感到无比骄傲。

02

在网上有人问过这样一个问题：在信息发达的时代，我们拼的究竟是什么？在问题下方的回答中，大家议论纷纷。有人认为拼的是关系与人际，有人认为拼的是机缘与运气。其中最高赞的一个回答是这样说的：在这个人人都可以成为专家的年代里，我们拼的是热爱与坚持。热爱能够使我们在不同领域中发现别人无法寻得的知识与快乐，坚持能够让我们更好地抛离那些沽名钓誉的人，毕竟时间是最公平的裁判，在时间的推移下谁在默默用心一目了然。

我知道，大家在日益激烈的竞争中早已筋疲力尽。然而无论我们如何抱怨，如何哀号，地球依然在转动，社会依然在运作，整个市场也不会因为个人的小情绪而产生任何波动。自暴自弃与提早离场除了会使你早早放弃属于自己的机遇，同时也为其他人挪了个位置。

因此，当我们疲惫得无法前行的时候，不妨让自己再多撑一天，你会发现拒绝离场的结果会让你收获更加美满的结局。毕竟疲倦不是离场的信号，那只是告诉我们成功就在眼前，我们只需加码前行，不远处自有耀眼的光芒。

有多少人，活成了自己不喜欢的样子

网上有一句话：我们都会活成自己不喜欢的样子。仔细一想，这样的例子实在数不胜数，就连自己身上也仿佛出现了当年最讨厌的人的一些影子。

小时候，我们最讨厌的就是父母的唠叨，而当我们成了父母以后却忍不住打着爱的美誉对自己的孩子念叨；小时候，我们最不喜欢对上司阿谀奉承的人，可是到了后来我们却成为一个不折不扣的马屁精；年轻的时候，我们会爱一个人直到永远，后来却在生活的细节中变得吵闹不断……

其实无论是恶是善，我们都在不断改变着，有时候一不小心就活成了自己最不喜欢的样子。也许现在看来这不过是成长，也许是现实生活对我们的引导，但是无论如何，如果你觉得现在的样子让你讨厌的话，那么请不要让命运牵着鼻子前行，要勇敢地尝试改变自己。毕竟年少的时光如此珍贵，我们不要将它拱手相让。

01

路叔是一家证券机构的业务经理。他毕业以后来到了本土一家证券公司工作。经过将近 5 年的时间，他终于从一名小小的业务员成为业务经理。

最近路叔为了工作的事情与共事多年的同事吵了几架。当他说起这事的时候我们都惊讶不已。要知道路叔平日喜欢开玩笑，而且为人善谈随和，无论是谈理想或聊八卦，他都能聊得来，所以在平日工作中他与同事的关系可以说无比融洽，几年来都没有出现过不和谐的声音。

然而，问题就出在路叔上任经理职位之后，上司的苛刻要求以及下属的懒散傲慢使他在两者中间不断徘徊。他开始明白前任经理的苛刻原来是因为机构高管的无理要求。

一开始，路叔也愿意反驳高管的无理要求与指标，但后来发现无论自己如何抗议，结果都一样。人微言轻的他只能学着把那些无理的指标尝试着分派给下属，然而这一举动却引起了下属们抱怨连连。

共事多年的同事一时间倒戈相向，将“无理”的矛头指向自己，曾经一起吐槽的同事如今把自己变成了吐槽的对象。好几次路叔经过办公室茶水间的时候，更是听到同事们窃窃私语，看他前来大家草草结束了话题，这种落差让路叔突感迷茫无助。

后来，路叔无法忍受这种状况，他开始以上司的身份强制下属执行各种指标，开始有意识地屏蔽下属真实的声音，哪怕是下属怨声连连也视而不见。

路叔经常在想，自己如今做的事跟以前被大家吐槽的上司有什么不同，想着想着路叔就开始讨厌如今的自己，但很快他也就释怀了：这不过是上层高管的要求，自己不过是一名无辜的执行者。俗话说，人在江湖身不由己。自己也不过是一个小小的经理，哪有什么对抗生活的底气呀。在这样的想法下，路叔逐渐变得心安理得。

因为身处的位置不同，我们把自己的人生活成了曾经最不喜欢的样子，我们可以把它看作是个人的成长，也可以将它列为生活的本质，很多人说这是因为生活从来都不由人。是的，我们在身不由己的生活中已经不止一次跟自己说过这样的话，如今的我们可以理解自己，原谅当下的自己，但也无法忘记当年的我们的确对如今的自己有过强烈的鄙视。

难道不是吗？

02

小时候，我们很好奇：为什么我们总要变成自己最讨厌的人啊？当我们长大以后就会发现，原来很多事情并不是想象得那么简单。刚毕业的时候，我们总是一副意气风发的样子，总想着终于可以离开 10 多年来的学生生涯走向社会一展拳脚。初入职场，我们对职场上的很多现象都嗤之以鼻，讨厌那些对领导阿谀奉承的人，讨厌那些一开口中英两语自由切换、自以为是高端人士的同事，讨厌笑里藏刀的腹黑职工，我们当时暗暗发誓以后一定不要成为这样的人。

然后呢？当我们看到他们被领导赞赏的时候是不是怀疑过自己的决定？当我们看到他们的事业平步青云的时候是不是也动过心？当我们看到他们的收入不断提高的时候是不是也羡慕过？改变很多时候都不是一瞬间的事，它是在一次又一次地怀疑自己中逐渐形成的。后来，我们成为一个个梳着油头、西装革履的职场人士，学会了油腔滑调。渐渐地，我们习以为常，哪怕是午夜梦回的时候想起当年自己青葱的想法，也只会跟自己说一句：当时的我真幼稚。

生活向来都有它的规矩，有时候我们感觉自己就像是挂在枝丫上的柳絮一般，只能随着清风飘摆，哪怕会碰到路人也好，卡在缝隙也罢，也只能不断地在风中摇摆。可是，生活真的应该是如此一成不变吗？难道我们随着时间的推移就一定会成为自己当年最讨厌的人吗？

我认为，生活从来都不缺乏随波逐流的人，他们恍如天上繁星一般点缀着我们的社会，但是，繁星虽美也比不上一颗灿烂的明星。那些敢于脱离生活惯性，不断朝着自己的方向去进发的人生难道不是更值得我们向往吗？也许我们竭尽所能也不能改变什么，但这也不能阻止我们成为自己生活中的英雄。

03

在我们身边有多少人，在生活的牵引下变得越来越不像自己，当年的善良友好仿佛已经藏匿于回忆的背后。如今的我们一边小心翼翼地生活，一边尖酸刻薄地对待不如自己的人。我们要在上司面前表示忠诚，要在同事面前保持友好关系，要在下属面前确立权威。

生活就是这样，大多数人都围绕着柴米油盐不断改变着自己。或许终有一天，我们真的会成为自己最讨厌的那个人，可是我总觉得在我们变成那个人之前还应该做点什么。

如果现在的你觉得自己的生活依然还有不同的可能，如果现在的你觉得自己还年轻，拥有改变的资本，如果现在的你觉得可以去尝试拥有另一种人生，那么我们为何不跟生活说一声：我不需要你的改变，像我现在这样已经很好。

毕竟，在浩瀚人海中徘徊，我们很容易被生活误导，成为自己曾经最不喜欢的人。但在此之前，让我们再跟生活对抗一次，以青春作为赌注再坚持一次，别让所谓的安逸掩盖了你的初心。

会“示弱”，才不会憋出内伤

人前风光无限，人后叹气连连，这无疑是当代年轻人最常见的生活方式。不可否认的是，大家想要了解一个人时都习惯于看“门面”，导致大家在生活中都学会了故作幸福，把困难都憋在心中，最终不仅对解决问题没有一丝帮助，还很可能把自己憋成内伤。

其实，在这个竞争激烈的社会，我们应该学会适当示弱，该求助的时候就求助，这样才能更好地在社会上存活，避免自己憋出内伤。

01

一次同学聚会，昔日友好的同学齐聚一堂，大家在校门前的大排档里谈天说地。席间有人问起小颖的情况，跟她比较要好的阿芳告诉我们小颖最近住院了，而且是精神科。

小颖自上大学以后就一直有一种不甘人后的性格。记得当时我跟她同去参加校园征文活动，她为了完成征文可以连续几天蹲在图书馆中查阅资料，回到宿舍后更是熬夜看书借鉴他人的写作手法，几天下来，小颖整个人都憔悴了不少。有舍友劝她，不过是一个征文比赛而已，至于为了它这样折磨自己吗？小颖告诉舍友，要做就必须做到最好，只有第一名才会被别人记住，除了拿第一名之外，其他的名次都表示自己的努力白费了。

对于小颖的这种想法我们都不敢苟同，毕竟这是一个志在参与的活动，而较真的小颖却将她看作一场非赢不可的比赛。但是，小颖没能折桂，而且比赛结束以后还生了一场大病，花了不少钱。

毕业以后，小颖通过校招成为一名银行工作人员。她那较真且负责的工作态度使她两年后成功考上了编制，成为当时人人羡慕的银行正式职工。

02

又过了一年，小颖已经独自在银行开始贷款供房，并把乡下的父母接到身边居住。一时间，小颖的生活压力剧增，房贷与父母的赡养费把她压得挺不起腰来。

当时小颖的生活在我们看来无疑是幸福美满的，在毕业几年以后，已经能够在城里有一套属于自己的房，并且还把父母接了过来。短短几年间，实现了大多数外地游子为之拼搏半生的梦想。

然而，正是这些甜蜜的负担让小颖看似圆满的生活逐渐出现了裂痕。前阵子，小颖的父亲迎来五十大寿。按照乡下的习俗，老人过五十大寿的时候应该设宴请村里所有人。这下可难倒了小颖。由于生活压力巨大，小颖基本上每个月都是过着“月光”的日子。为了举办这次寿宴，小颖即使花光自己所有的存款也不足以支付寿宴的费用。

小颖的父亲看到她的难处，便询问她是否经济上出现了问题，但从小好面子的性格使小颖死活把这件事憋在心里，并且不得不硬着头皮去利用职场关系张罗寿宴。没有像样的烟，小颖便拿了公司几条用于招待客户的香烟；流动资金不足，小颖就利用与接待部同事的关系申请了快速无息贷款……

后来，寿宴任务是完成了，但是小颖的所作所为亦被上司发现了。尽管小颖多次求情，但她最终还是被银行扫地出门，一夜间从一个人人羡慕的银行白领成为一名“三无”青年。在房贷与父母赡养费的迫使下，小颖不得不另外找了一份工资福利相对低的工作，她的日子过得更加紧巴巴了。

虽然小颖的父母对女儿突然换了工作的事有所怀疑，但小颖只是告诉父母自己换了一份福利更好的工作，让父母不用担心。有一次，小颖在地铁上想，如果自己能够不那么好面子而是听父亲的话，事情的结局会不会更好呢，又或者说如果自己能够开口让父母知道自己现在的难处，日子会不会好过一些呢？

也许是压力太大的缘故，有一天小颖在下班的路上晕倒在地，被路人送往医院。医生建议小颖到精神科进行检查，最终检查结果是小颖患有轻度的偏执性精神障碍，建议住院接受治疗。小颖的倒下使整个家庭陷入了两难的境地。

正如小颖想得那样，如果当时能够不那么好面子，或是能够开口向父母求助的话，也就不会落得如此下场。

03

网上有一个段子：小时候我们总是向爸妈要钱，长大后我们总是跟爸妈说不缺钱；小时候我们受到挫折后会向父母撒娇，长大后只会含着眼泪说自己很好；小时候我们哭着哭着就笑了，长大以后我们笑着笑着就忍不住哭了。

成长的代价从来都是高昂的，我们必须保护好心里的软肋，将无数个落泪的夜晚化作盔甲，让生活的重击不能使我们一败涂地。渐渐地，我们成为一个不喜欢笑也不敢哭的人。

我知道，无论什么年龄段的人都一样，在外面受到委屈时总想着回家好好静一静，跟身边的人倾诉一下心声，然而每当我们看着家人那期盼的眼神，才发觉自己再也不是那个无知少年，而是一个家庭的主心骨，因此话到嘴边却说不出口。

其实一切都是不要紧的，虽然我们身处一个无情的世界，但是身边依然有一群善良的朋友与至亲的家人，他们是冰冷世界里的温存，也是永远的避风港。

如果现在的你想要倾诉的话，不妨找找身边的朋友与家人；如果现在的你需求帮助的话，也许身边的人能够助你一臂之力。有时候我们不妨适当示弱，别让生活的压力使你憋出内伤。

放心吧，生活的艰辛我们都懂，若是难过了尽管说出来，没有人会责备你的。